微生物油气检测技术理论与应用

丁 力 梅 海 刘芬芬 张 聪 郝 纯 著

石油工业出版社

内容提要

本书以丁烷氧化菌为研究对象,对组合采集、现场快速检测、环境因素校正等环节进行论述。建立了典型油气藏上方微生物响应模式,并分析了地质因素对微生物特征的控制作用。开展实际应用,验证了数据获取新方法在吐哈盆地圈闭油气检测的应用效果,以及微生物方法在区分烃类与非烃气藏的应用前景。总结了微生物油气检测技术在圈闭含油气性评价的作用和适用性。

本书适合油气勘探从业者及高等院校相关专业师生阅读。

图书在版编目(CIP)数据

微生物油气检测技术理论与应用 / 丁力等著.
北京:石油工业出版社, 2025.5. -- ISBN 978-7-5183-7516-5

I . P618.13

中国国家版本馆 CIP 数据核字第 20259JU839 号

出版发行:石油工业出版社
　　　　　(北京安定门外安华里2区1号　100011)
　　　　　网　　址:www.petropub.com
　　　　　编辑部:(010)64523841
　　　　　图书营销中心:(010)64523633
经　　销:全国新华书店
印　　刷:北京中石油彩色印刷有限责任公司

2025年5月第1版　2025年5月第1次印刷
787×1092毫米　开本:1/16　印张:7.5
字数:192千字

定价:80.00元
(如出现印装质量问题,我社图书营销中心负责调换)
版权所有,翻印必究

前言 Preface

微生物油气检测技术是在地质生物学基础上发展形成的一项具有代表性的技术。地质生物学是研究生命物质与地质体相互作用的新兴交叉学科，其核心是将地球作为"地质生物反应器"，研究其物质和能量的循环。"地质微生物学"则是"地质生物学"的核心分支学科。该学科于20世纪末开始发展，2001年，Rothschil和Mancinelli在Nature杂志上发表了《极端环境中的生命》一文，标志着地质微生物学科走向成熟，此后本领域的研究规模呈爆炸式增长。同年美国加州理工大学、普林斯顿大学、南加州大学等高校相继成立地质生物学专业；2002年，美国国家科学基金NSF在地学部正式组建地质生物科学部门。

我国的地质生物技术研究和产业化虽处于起步阶段，但已具备一定基础。2005年，国家自然科学基金委员会把"地球环境与生命过程"列为地球科学部的战略重点和综合交叉优先发展领域；2007年，中国地质大学（北京）开设"地质微生物学"研究生课程；2011年，中国地质大学（武汉）获批筹建"生物地质与环境地质国家重点实验室"。基于地质生物技术发展起来的战略性新兴产业正在全球范围内悄然兴起。

我国油气勘探历经六十余年发展，增储上产的压力进一步升级，亟须技术革命寻求新的发展，尽快攻关形成一批具有战略性、革命性意义的有效新技术。微生物油气检测技术以轻烃微渗漏为理论基础，通过采集地表土壤或海底表层沉积物样品，利用地质微生物学方法检测样品中的专属微生物来确定下伏油气藏的存在和分布范围。专属微生物的分布和含量高低反映地下油气微渗漏的特征，而后者又与地质条件息息相关。因此，研究专属微生物的分布和含量特征及地质控制因素，对预测地下油气藏的情况起到至关重要的作用。将微生物油气检测技术与地震勘探法等相结合，正在逐渐成为大幅度提高油气勘探成功率的新手段。

笔者多年来从事微生物油气检测研究及应用工作。自开始接触微生物油气检测技术以来，在国内外学者研究的基础上，带领团队围绕微生物油气检测技术应用所遇到的各种技术难题，潜心钻研和反复实践，在持续的迭代中不断完善该项技术的理论和方法，获得了一些收获和感悟。经与团队成员及相关专家学者商讨后，决定将多年来的研究成果和认识体会总结提炼为专著《微生物油气检测技术及应用》。

本书详细介绍了轻烃微渗漏引起地表微生物响应的特征、控制因素及应用效果，共分为五章。第一章对微生物油气检测技术的地质学和微生物学基本原理作详细介绍，展示该技术的特点和作用，并举例说明微生物油气检测技术在国内外油气勘探中的应用效果。第二章分别从样品采集、实验检测、环境因子校正三方面，探讨了获取更可靠微生物数据的新方法。第三章研究了典型油气藏上方丁烷氧化菌的分布特征，总结油气藏丰度、压力、油气性质、渗漏通道、盖层等地质因素对地表丁烷氧化菌的控制作用。第四章探讨了地貌、深度、高程、土壤物理化学性质等地表环境因素对烃氧化菌的影响作用。第五章介绍了微生物油气检测技术在吐哈盆地玉北构造带圈闭含油气性评价的应用效果，以及在深海区分烃类与非烃类气藏方面的勘探实践。

在编写本书的过程中，我们得到了行业内多位资深专家和学者的指导和大力支持，正是凭借他们多年的深厚专业功底和丰富的实践经历，才保障了本书所述内容和观点的水准，在此表示最衷心的感谢。同时，也要感谢参与本书资料收集、整理、撰写和讨论的团队成员们，正是有了他们辛勤且严谨的工作，才有了这些真实可靠的数据和成果。

由于时间跨度大，篇幅有限，无法逐一列出。下面简要介绍部分人员在本书编写过程中所做的贡献。第一章由丁力、梅海、刘芬芬、郝纯共同编写；第二章由丁力主要编写，张聪参与编写了涪陵页岩气研究内容；第三章由丁力编写；第四章由丁力主要编写，刘芬芬参与了地球化学响应特征内容的编写；第五章由丁力编写。图件清绘主要由丁力、吴宇兵完成，全书由丁力统稿，梅海、于炳松审核。

在本书编写过程中，借鉴了前人的工作，参考了相关的专业书籍与文献，谨此向相关科研人员表示感谢。在此，我诚挚地期待本书能够为广大读者带来学术启发和实践指导。限于作者认知和学科发展，书中难免存在不足之处，恳请使用本书的所有读者不吝赐教，敬请批评指正。

目录 Contents

第一章 微生物油气检测技术简介 ... 1
第一节 微生物油气检测技术发展历程 ... 1
第二节 微生物油气检测技术面临挑战 ... 2
第三节 微生物油气检测技术基本原理 ... 9
第四节 微生物油气检测技术特点 ... 12
第五节 "4G"综合评价思路 ... 15
第六节 应用效果 ... 16

第二章 微生物油气检测数据获取新方法 ... 19
第一节 指标选择与评价方法 ... 19
第二节 样品组合采集方法 ... 20
第三节 现场快速检测技术 ... 27
第四节 数据归一化技术 ... 33

第三章 地表微生物分布特征及地质影响因素研究 ... 39
第一节 典型油气藏上方微生物响应地质模型研究 ... 39
第二节 地质因素对地表微生物分布特征的影响研究 ... 50
第三节 烃氧化菌异常分布特殊形态及指示意义 ... 59

第四章 油气富集区上方烃氧化菌分布地表环境控制因素及特征 ... 65
第一节 不同地表条件下烃氧化菌分布特征 ... 65
第二节 不同土壤性质对烃氧化菌数值影响 ... 75

第五章 圈闭含油气性检测应用 ... 83
第一节 吐哈盆地优选有效圈闭实践 ... 83

第二节　南海深水海域区分烃类与非烃气藏探索……………………………………94

第三节　微生物油气检测技术的适用条件……………………………………………100

参考文献…………………………………………………………………………………102

附录………………………………………………………………………………………110

后记………………………………………………………………………………………111

第一章 微生物油气检测技术简介

第一节 微生物油气检测技术发展历程

微生物油气检测技术最早起源于苏联，是在油气地球化学气测法基础上产生而来。从20世纪30年代开始，苏联地球化学家Sokolov（1936）和美国地球化学家Horvitz（1939）等发展了一系列油气地表地球化学勘探技术，主要运用了从近地表土壤中抽提烃类气体的方法，通过分析土壤中烃类气体含量的高低检测地下油气的富集程度。

然而，在实际勘探实践中，人们发现环境因素会对土壤气体含量的测定造成较大影响。1936—1937年苏联地球化学家Mogilewskii（1938，1940）总结了土壤烃类气体含量随季节而变化的规律，认为这种现象可能与土壤微生物的繁殖有关。1938年他撰写了《与气测有关的微生物学研究》一文，首次提出了可以使用以烃类为食的烃氧化菌来进行油气勘探。他描述了不同季节土壤气中甲烷和重馏分的变化，认为将这种变化仅以气候条件（温度、大气压、水分）、介质性质发生变化作解释是远远不够的，土壤中发生的生物化学过程对气测指标的影响也不容忽视。在进行了多次微生物油气勘探实验，证实了这种现象确实存在之后，Mogilewskii（1940）提出了若土壤气体指标受到复杂的生物化学因素的影响，则可采用单独研究土壤中微生物作用的方法来标定富含碳氢化合物的区域。

自20世纪40年代起，美国、德国也陆续开展了一些油气微生物检测技术研究和勘探实践，代表人物包括美国的Taggart（1941），Blau（1942），Davis（1967）和德国的Wagner等（2002）。其中，应用较为广泛的是Wagner博士发明的MPOG（Microbial Prospection for Oil and Gas）技术。1959年，美国菲利普斯石油公司的Hitzman（1959）开发了MOST（Microbial Oil Survey Technology）技术。相较于利用各种烷烃气体作为碳源开展烃氧化菌检测的技术，MOST技术采用了选择性培养的方法对油气指示微生物进行检测。

但由于微渗漏垂向运移理论受到较大质疑，技术应用遭遇低潮。随后大批国外学者开始对烃类微渗漏的机理开展研究，逐渐形成了相对广泛为学者所接受的微泡和连续气相运移机制理论（Klusman and Saeed，1996；Brown，2000）。

1985年和1995年，Hitzman博士、Wagner博士先后在美国、德国创立了GMT（Geo-Microbial Technologies）公司和MicroPro公司，开始对微生物油气检测技术进行商业化推广。自此形成了以德国MPOG技术和美国MOST技术为主流技术的格局，并在陆地和海域得以工业化应用。

我国于1955年由中国科学院微生物研究所的王修垣（2008）最早开展微生物油气检

测的研究工作。次年在此研究基础上，石油工业部和中国科学院（以下简称中科院）组织成立了细菌调查队，在酒泉盆地开展了先导性试验，取得了较好的结果，表明了该方法在中国也同样适用。1958年，中科院微生物所成立了国内第一个地质微生物研究室，同年王修垣研究员和张树政院士整理出版了《微生物学在油气田勘探中的应用》一书，书中收集了苏联发表的数十篇有关油气微生物勘探方面的文章，向国内研究人员详细介绍了这项技术在苏联发展和应用的情况（中国科学院微生物研究所地质微生物研究室，1960）。此外，中科院微生物所还举办了微生物油气勘探学习班，组织大专院校、石油工业部和地质部的有关人员学习和推广，同时印发了《微生物勘探石油和天然气方法讲义》。总体而言，20世纪50年代我国在微生物油气勘探技术探索方面取得了一定的进展，但由于技术本身还不成熟，且随着苏联学者对油气化探及微生物勘探技术的态度出现了几次大起大落的变化，这项技术在此后的几十年间并未取得实质性进展。

2000年，在中国石油天然气集团公司的支持下，江汉石油学院（现长江大学）梅博文教授团队开始引进德国的MPOG技术在我国的内蒙古和冀中等多个区域开展油气勘探研究（梅博文，2002），在钻前油气评价方面展现出高效快速的特点（梅博文和袁志华，2004）。中国石化石油勘探开发研究院无锡石油地质研究所也开展微生物在油气勘探中应用的研究，结果表明油气藏上方有活跃的微生物异常响应，烃氧化菌的分布特征与油气藏有着较好相关性（汤玉平等，2012；杨旭等，2013）。

2007年，益亿泰地质微生物技术（北京）有限公司（以下简称益亿泰公司）梅海博士将美国的MOST技术引入国内，并在国家油气重大专项、"863计划"科研基金支持下，集成创新形成了MGCE（Microbial Geo-Chemical Exploration）技术。截至2019年，该技术已在国内外41个盆地完成了105个检测项目（丁力等，2021）。在准噶尔盆地中拐凸起火山岩勘探中，检测了金龙14井等6口正钻井的含油气性（丁力等，2018）；在阜东斜坡岩性油气藏研究中，为阜东16井的钻探成功提供了部署依据，获得工区侏罗系齐古组油气勘探的首次突破（Ding et al.，2017）；在琼东南盆地陵水、长昌凹陷及珠江口盆地白云凹陷的研究成果获得了钻探的验证（何丽娟等，2015；颜承志等，2014）。

中国石化石油勘探开发研究院无锡石油地质研究所（以下简称无锡所）采用分子生物学方法，利用低通量的荧光定量PCR技术对样品中微生物的甲烷氧化酶基因等进行定量检测。该技术被应用于准噶尔盆地、苏北盆地和塔里木盆地等地，实验研究表明油气微生物的生物地理学分布与油气藏的分布有着极好的相关性，微生物异常对下伏油气藏微渗漏具有很好的响应（杨帆等，2017a；顾磊等，2017）。

除了上述单位较为系统全面地开展微生物油气勘探研究和应用之外，国内还有中国地质科学院等单位开展过相关的研究工作。国际上，近年来也有印度国家地球物理研究所、巴西金边大学、英国PetroGene公司等单位开展了一些相关工作。

第二节 微生物油气检测技术面临挑战

针对微生物样品采集和检测方法、油气富集区上方油气指示菌的特征、地质和地表环境控制因素、微生物油气检测技术应用等关键问题，本文将介绍其研究现状和难点。

一、土壤微生物样品采集和检测方法

土壤中油气指示菌种类繁多，以甲烷氧化菌和烃氧化菌最为常见（杨帆等，2017b）。甲烷氧化菌是指在有氧条件下氧化甲烷的细菌，以甲烷为唯一碳源。但甲烷除了来源于地壳和地幔，在地表也有生物成因的甲烷，如沼气等。另一类烃类微生物群体是利用短链烃（C_2~C_8）作为能量来源的烃氧化菌。这类微生物不能代谢甲烷，但可在氧气参与下氧化短链烃，如乙烷、丙烷、丁烷等（Riese and Michaels，1991），根据代谢的对象的不同，可分为乙烷氧化菌、丙烷氧化菌和丁烷氧化菌等，统称为烃氧化菌。烃氧化菌相比于甲烷烃氧化菌，其来源更加单一，对应地下热成因烃类聚集体。乙烷、丙烷、丁烷等 C_{2+} 烃类主要是热成因，在公开发表的文献中，几乎未提到过在地表自然界见到生物成因 C_{2+} 烷烃，实验室也未见到自然条件下合成的高碳烷烃（袁志华，2003）。本书选择丁烷氧化菌为主要油气指示菌开展研究工作。

由于地质微生物学科起步较晚，微生物油气检测技术在油气勘探领域也只是辅助技术，因此，还未形成统一的国家标准和行业标准。MPOG 和 MOST 两套主流技术体系在具体方法和流程上也有所差异，同时还存在一些未解决的共性难题，主要表现在：

（1）样品采集方面。

MPOG 技术在陆地采集深度约 150cm 的单个土壤样品，海洋样品则采集海底 30cm 以下的沉积物样品。一般需要采集 100g 土壤样品，并置于气密性较好的灭菌样品袋中，样品在 4~8℃ 条件下保存，再送往实验室检测（王修垣，2008）。MOST 技术采集单个采样质量约 150g，陆地和海洋采集深度通常为地表或海底以下 20~25cm，在样品采集 48h 内，需要对样品进行现场预处理，使微生物处于恒定状态，再运回实验室（Connollg et al.，2011）。

样品点选择方面，两种技术都有类似的要求，如采集地表环境相对一致的样品，远离污染区或人为扰动区等。但是，土壤理化性质的差异也会导致微生物分布不均匀（Zhang et al.，2005）。即使在土壤理化性质相对均一的土壤中，由于微生物群落呈簇状聚集，在土壤中的分布也是不均匀的，常以菌团的形式出现。因此，在油气藏上方取样也可能会取到微生物群落不太发育的样品，从而导致微生物异常区出现低值。而目前各种微生物油气检测技术均只要求采集一个样品，这就很难避免上述提到的微生物在土壤中分布不均匀的问题。因此，在样品采集阶段，需要采取一些措施以获取有代表性的样品。

多次覆盖法是地震勘探技术近些年常用的基本方法，是采用一定的观测系统获得对地下每个反射点多次重复观测的采集地震波信号的方法，其主要目的是压制如多次波等视波长很大的干扰波（贺振华等，1986）。土壤地球化学规程中也规定在采样单元内应选取多点进行组合采样（全国国土资源标准化技术委员会，2017）。采用在同一点位采集若干份样品的组合采集方法，可能会起到降低微生物分布非均质性，避免取到噪声点的作用。

（2）实验室检测方面。

培养法一直是微生物检测"金标准"的经典方法（山东出入境检验检疫局，2008），具有适用范围广、可靠性高、质控方法体系成熟等优势（郝纯等，2015）。各种实验检测方法只是在于检测手段的差别，如气体消耗测量法，是以甲烷等气态烃为碳源的检测技术，土壤样品中如果存在油气指示菌，在培养中会消耗一定量的气态烷烃，通过排水法对消耗的气态烷烃进行测量，即可间接地对样品中油气指示菌的含量进行推算（Strawinski，1954）；气压测量法，通过测量培养油气指示菌过程中消耗烃类气体造成的气压变化进行油气指示菌的推算；碳同位素标记法，是利用碳同位素标记的轻烃作为碳源，分析碳同位素在细菌细胞中的含量来进行油气指示菌检测的技术等。其中，运用较为成熟广泛的是采用气体测量法的 MPOG 培养技术（袁志华等，2004）。

MOST 技术则与以上方法有所不同，采用选择性培养技术对烃氧化菌进行直接检测。甲醇、乙醇、丙醇、丁醇等有机醇对于一般微生物而言存在毒性，会抑制一般微生物的生长，但对烃氧化菌而言，由于醇本身就是其代谢的中间产物，所以这些有机醇不但不会毒害和抑制烃氧化菌，还能被烃氧化菌利用，作为碳源维持其生长代谢。因此，加入一定量某种有机醇的培养基即是一种选择性培养基，只有具有烷烃代谢功能、不受有机醇毒害的微生物才能在这样的培养基中生长（Hitzman et al.，1994）。使用选择性培养基，采用微生物检测计数领域经典的平板培养法即可获得核心评价指标"微生物值"。

此外，随着分子生物学和环境微生物基因组技术的快速发展，出现了一些基于分子生物学的烃氧化微生物检测方法，如高通量测序法、基因芯片法等（表 1-1；邓诗财等，2020）。基因检测方法具有高通量、大数据的特征，相比于传统的培养技术，能获得微生物群落结构、功能基因及未培养微生物的信息。但由于其在土壤微生物方面的检测技术和数据分析技术还不成熟（邓平建和杨冬燕，2011；邵明瑞等，2014），目前还处于研究攻关阶段。

表 1-1 烃氧化菌基因检测技术对比

基因检测技术		微生物组成种属研究	烃氧化功能基因研究	通量	基因信息	成本	数据处理难度
荧光 PCR		可以	可以	低	一般研究单个或数个基因	低	简单
高通量测序	16S 扩增子测序	可以	不可以	较高	获得样品微生物组成信息	较低	难
	全基因组测序	可以	可以	高	获得样品所有的基因信息	高	极难
基因芯片		可以	可以	较高	获得与所设计的探针相关的信息，可多达数万个基因	中	中等

综上所述，虽然 MPOG 和 MOST 在技术方法上较为成熟完善，但尚存在一些不足：（1）样品采集方面，虽然有具体的采样质量控制措施，但由于微渗漏通道和微生物在土壤中均具有较强的非均质性，采集单个样品不可避免会出现随机噪声，因此需借鉴地震勘探法多次覆盖和土壤地球化学测量规程的组合采集理念，改进采集方法，识别和压制噪声；（2）样品检测方面，无论是以 MPOG 技术为代表的间接推算微生物值的培养检测法，还是以 MOST 技术为代表的直接选择性培育微生物的培养检测法，都需要在实验室完成，检测周期 1 到 2 周，难以在现场起到识别噪声点、控制质量、初步指示有利区的作用。如在实验室发现样品存在问题或需补充采集样品，则必须去现场进行二次采集，成本和效率较

低，所以需要发展在现场即可快速检测微生物值的检测方法。

二、土壤中油气指示菌分布特征及地质主控因素研究

土壤中油气指示菌的富集与微渗漏至地表的轻烃代谢有关，而轻烃的微渗漏特征受控于地质条件。对于轻烃微渗漏至地表的响应模式，传统地表地球化学方法通常认为轻烃运移至地表会形成晕状或顶部异常（汤玉平等，1998；刘崇禧等，1999）。但 Kartsev 等（1959）认为，微生物勘探总是形成顶部异常，极少数观测到的晕状异常往往与大型断裂有关。如 Siegel（1974）所述；"值得关注的是，一些寻找烃类的其他潜在方法也呈现出晕状异常的特征（放射性，电导率，电阻率等），只有微生物除外，它表现为整个靶区是一个异常。"采用甲烷氧化菌和烃氧化菌两种指标，在渤海湾盆地陈家庄油田指示的微生物异常区与油井具有较好的对应关系，证实轻烃微渗漏上方的微生物异常响应为顶部异常特征（杨旭等，2013）。

虽然土壤中的油气指示菌在油气区上方均为顶部异常特征，但不同的地质条件可能产生不同的油气指示菌响应模式。前人针对微渗漏理论模型争议最多的莫过于运移的垂向性。部分学者认为断层是油气渗漏的重要通道，因此，微渗漏应该沿断裂或不整合面发生侧向运移，而不应是垂直运移。还有一些学者认为油气藏上方地层中广泛分布的微裂隙系统是轻烃垂向微渗漏的主要运移通道（Klusman，2011；Saunders et al.，1999）。王国建等（2018）选择在断块油气藏上方开展轻烃渗漏研究，认为虽然断层是轻烃的优势运移通道，但微裂隙同样是轻烃运移的重要通道。断层封闭性决定断层是否为微渗漏的优势通道，而非断层产状。

Rosaire（1940）、Jones 和 Drozd（1983）关注到了油气渗漏存在宏渗漏和微渗漏的区别，Abrams（2005）则对宏渗漏和微渗漏的特征差别给予了量化定义，认为宏渗漏是指烃类沿断层、不整合面等优势运移通道发生的可视化运移，通常表现为线性或条状异常特征；微渗漏是指轻烃沿微裂隙近垂直向上运移，分布特征为块状或团状，且肉眼不可见。张春林等（2010）也证实了柴达木盆地三湖地区、四川盆地镇巴地区的宏渗漏和微渗漏特征差异具有上述特征。

除了运移通道可能对微渗漏带来直接影响外，袁志华等（2008）的研究表明油气藏压力下降会导致渗漏量的降低，尤其在井筒周围渗漏量下降得最快；Richer 等（1982）在美国 Patrick Draw 油田上方开展的研究工作也表明，随着油田开发不断注水和注气，气藏的压力逐渐恢复，原油产量较之前提高了数十倍，气藏上方的土壤游离气含量较之前也有明显增加。唐俊红等（2019）认为盖层的孔隙度也会影响微渗漏的通量。然而由于轻烃渗漏量与地质条件的关系非常复杂，很难定量分析，该方面的研究比较薄弱。

综上所述，前人研究认为油气田上方的油气指示菌以顶部异常为主，沿断层也会发生宏渗漏现象，形成点状或线状异常分布特征。笔者通过在宏渗漏区开展地表微生物响应特征的研究，对比分析微生物和吸附气数据特征，认为双指标不同的组合模式可能代表着地下油气聚集体保存条件的差异，从而指示着不同的油气富集潜力。

由于各地区地质条件复杂，圈闭类型多样，微生物数据的平面分布也会呈现不同的特征。前人对于背斜、岩性、地层等典型油气藏上方油气指示菌的分布模式未做过系统总结，也缺乏理论结合实际的地质模型做支撑，因此开展这方面的研究，建立相应的地表微生物响应模式，将对油气藏检测将起到较好的指示作用。

此外，长期以来，学者对微渗漏机理的研究主要集中于轻烃的运移相态、速率及垂直性上，对油气丰度、油气压力、油气性质等地质因素对微渗漏的控制作用研究相对薄弱，渗漏主控因素尚未形成统一认识。

三、地表环境对土壤中油气指示菌丰度的影响及校正

除了轻烃渗漏条件会对油气富集区上方土壤中油气指示菌的丰度产生影响之外，自然条件、气候、采样深度等也会影响油气指示菌的分布。张春林（2010）对比了陆地与海洋条件下油气富集区的烃氧化菌发育情况，认为陆地与海洋发育的菌群类型差异小，主要受控于渗漏轻烃的组分，其差异在于微生物的数量。海洋沉积物样品比陆地具有数量更高的烃氧化菌。在土壤湿度等生态条件差异比较大的不同地表景观区，其烃氧化菌数量没有对比性。此外，张春林还分析了单一渗漏源和多种渗漏源情况下甲烷、丙烷、丁烷氧化菌的变化趋势，认为单一渗漏源下各种具有指示作用微生物的含量变化趋势较一致。但在多渗漏源条件下，各种类型氧化菌的浓度变化趋势将变得无规律性（王国建等，2018）。

Tucker 和 Hitzman（1996）研究了油气田上方丁烷氧化菌浓度随年份、月份发生变化的情况，得出如下结论：油气田上方烃氧化菌的绝对浓度会随月份发生起伏变化，各年度烃氧化菌的浓度也有所差异，但是变化趋势是相一致的，对于富集区与非富集区的判别结论也不会产生影响。

陆上油气指示菌代谢轻烃为耗氧过程，随着土壤深度的变化，会带来氧气含量的变化，从而对油气指示菌数值造成影响（满鹏等，2012）。孔淑琼等（2009）在大港储气库上方4个不同深度采集的样品分析结果表明，油气指示菌数量会随采样深度的增加而显著降低。Price（1985）也认为微生物勘探的采集深度不能太深，通常不超过2m。但科研人员对最佳的采集深度段尚未达成统一认识。

不同油气田的关键环境因子明显不同（邓春萍，2016），Sun 等（2015）通过对我国6个陆上油气田上方的土壤样品开展物理化学性质研究，发现地理位置、有机碳含量会对样品的聚类结果产生影响。微生物油气检测技术作为地表技术的一种，同样也会受到土壤盐度、pH 值、含水率等物理化学性质的影响（牛世全等，2012；郑诗樟等，2008；胡海波等，2002）。

Conrad 等（1995）、Sorokin 等（2004）、金文标（1998）、郑义平和易绍金（2005）的研究均表明随着盐度的增加，烃氧化菌的活性、数量及降解油气的速率会显著降低。

张春林等（2010）、孔淑琼等（2009）普遍认为随着深度的增加，土壤氧气含量降低，微生物活性也会逐渐降低。因此，深度可能会对油气微生物值产生影响。海底沉积物因氧气含量较低，主要发育厌氧烃氧化菌。虽然氧气含量低，但海水中的硫酸盐、硝酸盐可作为电子受体，在硫酸盐、硝酸盐还原菌的作用下，也可以氧化轻烃。

Nebsit 和 Breitenbeck（1992）、丁维新和蔡祖聪（2003）、Klemetsson 等（1997）发现温度可能对甲烷菌的活性造成影响，但 Tucker 和 Hitzman（1994）、张红霞等（2017）认为相比于水分等变化，温度对微生物的影响很小。地表的烃类氧化作用，显然在较大程度上受土壤湿度控制，在较小程度上受土壤温度控制，土壤水分含量低，可大大减弱甚至完全抑制土壤微生物的活动（Soil，1957；Kartsev et al.，1959）。Tucker 等在俄克拉何马州Bartlesville 附近某油田，于1957—1993年间，及1993年的12个月份，分别采集了同一

条测线进行研究，表明不同时间段检测的烃氧化菌的绝对浓度会有变化，但反映出的高异常与低背景的趋势特征基本一致。

梁战备等（2004）认为森林中甲烷主要被喜酸性甲烷菌代谢，最适宜 pH 值为 5.8。Verstraet（1976）指出，汽油在 pH 值为 4.5 的酸性土或 pH 值为 8.5 的碱性土中的降解速度只有中性土壤的一半。田新玉等（1994）、向廷生等（2005）指出 pH 值为 8~8.5 的碱性环境下，甲烷氧化菌也可以正常生长。张春林等（2010）则进一步指出只要不是 pH 值大于 10 的极端环境，甲烷菌指标均可正常生长，能起到表征油气的作用。

《油气微生物勘探技术理论与实践》一书中，通过在一些油气藏上方取样，分析土壤中的含水率、pH 值、颗粒组成、金属与非金属元素、有机氯对甲烷氧化菌数量的影响，认为含水率、pH 值及氮盐含量与甲烷氧化菌数量之间无直接关系；除钠之外的金属离子含量与甲烷氧化菌有明显负相关关系；土壤颗粒粒径也可能会对微生物数值产生影响（汤玉平，2017）。

在传统地表地球化学油气勘探领域，也有一些学者认识到地表景观条件、土壤类型、人为扰动等因素会对化探结果造成影响，认为需要做消除处理才能提高数据可靠性，并开展了相关工作。贾国相（2004）、王凤国和李兰杰（2003）、高璞等（2008）总结了地形地貌、土壤 pH 值和黏土矿物成分、河流及地下煤层等特殊地质条件对酸解烃、汞等指标的影响；荣发淮等（2013）分析了特异数据的识别方法；贾国相（2004）阐述了按地貌景观分区确定异常下限、对低 pH 值区域样品加权等消除的思路；夏响华（2003）分析了油气化探的干扰源类型、干扰因素及程度；王付斌（2001）提出了通过合理布点、改进野外工作方法、对特殊矿物或岩性进行抑制或校正等方式提高资料品质；邓国荣（2006）认为干扰源分为同生作用、生物化学生气作用、介质性质差异和人为污染 4 种，并探讨了不同干扰类型应采用不同的指标方法配置。

所以已有的研究大多认为土壤环境会影响微生物丰度与分布，少量学者开展过一些研究，认为低含氧量、高盐度等特殊土壤环境会导致微生物数量减少。但是，这些结论均是依托于具体区域检测的土壤理化性质与微生物数据开展的研究而得到的，缺乏在实验室模拟实验的证实。此外，对于 pH 值、含水率对微生物的影响意见不统一，对于土壤的岩性、地表高程等因素对微生物的影响也几乎未有研究。更为重要的是，现有的研究多是探讨地表影响因素与微生物的关系，选取的研究对象多为代谢甲烷的甲烷氧化菌，而甲烷的来源并非只有深层油气藏，地表沼气等也可能产生甲烷，对于检测地下烃类聚集体会形成干扰，存在多解性。因此，选择能专属指示地下烃类聚集体的微生物指标来研究与土壤环境的关系更有意义。

此外，微生物丰度受到盐度、湿度、pH 值等环境因素影响后，会造成数据可靠程度降低，必须进行环境校正处理，最大限度降低地表因素带来的影响。已有研究针对吸附烃、蚀变碳酸盐（ΔC）、热蚀汞等化探指标的干扰因素提出了一些压制和消除的思路和措施，但验证成效的实例较少。对于微生物数据受到环境影响后，如何校正归位，相关的研究成果和文献极少。

四、圈闭含油气性检测应用实践

1. 常规油气检测应用

MPOG 技术于 1961 年在联邦德国首次应用，截至 2002 年，MicroPro 公司已应用该技术完成17个区块，约6000km²的油气勘探工作，其中大部分是勘探初期的野猫井评价，之后在这些地方钻探了220口井，统计的微生物勘探的检测成功率达到90%（王修垣，2008）。

1985年，GMT公司开始推广应用MOST技术，在随后的20多年里，GMT公司在全球50多个国家和地区完成了3000多个项目，其中在美国完成了2400多个项目，在微生物油气勘探结束之后共钻井1100口（梅博文，2002），其钻探成果总结见表1-2。

表1-2　MOST技术勘探后钻井成果统计表

区域	实钻井数/口	干井数及所占比例	油气井数及所占比例
无微生物异常区	480	419（87%）	61（13%）
微生物异常区	620	106（17%）	514（83%）

2. 非常规油气检测试验

除了常规油气勘探领域，袁志华等（2013）也在四川涪陵、贵州黔东南、重庆渝东南地区开展了页岩气勘探的试验工作。盈亿泰公司也将微生物油气检测技术的应用扩增到了非常规领域，开展的工作包括鄂尔多斯盆地致密气勘探、青藏高原冻土天然气水合物勘探、南海海洋天然气水合物勘探和四川盆地页岩气勘探等（曹军等，2020；郝纯等，2015），展现出微生物技术在非常规勘探方面广阔的应用前景。

3. 区分烃类与非烃探索

非烃气指主要由非烷类组成的气体，如CO_2、N_2、H_2S及氦、氩等稀有气体，其中，以CO_2、N_2在天然气中最为常见。随着我国油气勘探逐步从浅水向深水推进，在南海珠江口盆地、莺—琼盆地不同区域及不同层位陆续钻遇了CO_2等非烃气藏郭栋等（2005）。由于深水油气勘探具有高投入、高风险的特点，对钻探成功率和油气产量的要求比陆上及浅水要高得多，高含量的非烃气藏的存在将会大大降低深水油气勘探的经济效益。因此，急需区分烷烃气和非烃气的有效途径。

国内外学者对非烃气的研究主要集中于对化学性质和成因研究，对成藏机理、资源潜力和勘探评价方法方面研究相对较少，还未形成系统有效的非烃气勘探检测方法。地质研究法通过区域地质背景、成因、成藏条件和机理等研究对以CO_2为代表的非烃气的成藏规律和分布范围进行分析，较适用于对大尺度、区带性的检测识别，很难做到对小范围内具体目标流体性质的判别。

以地震方法为主流的地球物理方法是识别圈闭、确定井位的重要依据，但在非烃气的检测识别方面，则遇到较大挑战。原因在于地球物理方法作为间接法，通过重磁、电法及地震属性提取等方法，可以识别圈闭及是否含气，但不能判别圈闭内气体的化学性质（烃类或非烃）。

常规油气地球化学勘探方法可以检测烃类，常运用CO_2碳同位素、全烃和荧光分析等间接方法来判别CO_2的成因。郭栋等（2005）使用间接方法，如CO_2碳同位素、土壤全烃和荧光分析等综合辨别CO_2的存在与成因。然而，仍然存在两方面的难题：一是海底表层沉积物中吸附包裹的CO_2含量相对较低，可能无法满足CO_2同位素的检测标准；二是CO_2成因存在多解性，CO_2广泛存在于大气中，易溶解于水，碳酸盐分解后也会释放出CO_2，这些CO_2均可能与来自深层地下的CO_2混合，造成CO_2的成因分析难度较大。

Klusman（2015）对 CO_2 封存后渗漏到表层的浓度和成因进行了多年研究，使用的参数包括 CO_2、轻烃、碳同位素、惰性气体和注入的 CO_2 中夹带的人工示踪剂等，并指出这些方法在识别沿断裂渗漏的 CO_2 气体和判别其成因方面可以发挥作用。

总结我国南海深水微生物油气检测的成果发现，将微生物油气检测方法与地质、地球物理、地球化学方法等相结合，能为油气勘探中钻前规避非烃气藏起到一定的指示作用。

综上所述，微生物油气检测技术在国内外常规和非常规油气勘探领域已开展大量实践，但多为对单个区域或项目的成果介绍，缺乏对其在不同地表和地质条件下适用性的系统总结，对在海域钻前烃类与非烃气藏的区分方面也未曾探讨过。此外，微生物油气检测技术只是在平面上对轻烃微渗漏响应进行研究，无法确定微渗漏来源的深度、层位等信息。对复杂勘探目标的研究，需要结合地震、地质等多学科多技术成果。

第三节　微生物油气检测技术基本原理

一、地质学原理

作为地表勘探技术的一种，微生物油气检测技术与其他地表地球化学勘探技术相似，地质学基础均为轻烃微渗漏理论。该理论认为油气藏形成后，其中的轻烃组分（C_1~C_{5+}）会在油气藏压力的驱动下，以水溶或连续气相等形式，沿地层中广泛发育的微裂隙近垂直地向上运移（图1-1）。

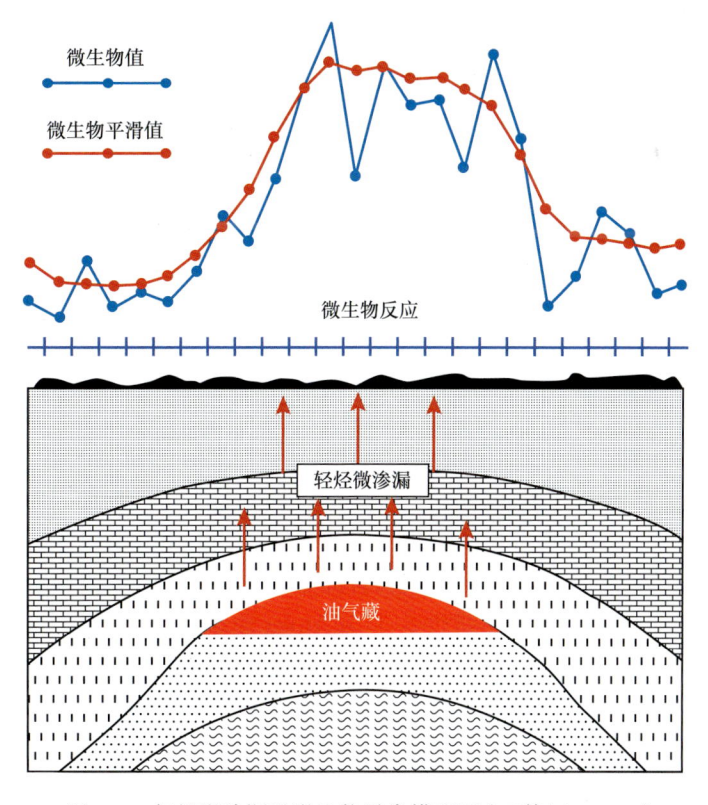

图1-1　轻烃微渗漏及微生物异常模型图（王修垣，2008）

MacElvain（1969）提出胶体大小的轻烃气泡会以 25cm/min 或 36m/d 的速率向上运移；Jones 和 Burtell（1996）的模拟实验表明从 180m 深处的煤气化反应器溢出的气体向上运移的速率是 12~91m/d；Arp（1992）研究表明 Patrick Draw 油田产层的气，以 0.2~0.8m/d 的速率向上运移；王国建等（2018）通过实验得出，烃类随水迁移穿过模拟盖层的速率为 21.79cm/y。Coleman 等（1977）的研究也提供了烃类微渗漏高速率的证据。虽然轻烃微渗漏的速率较快，但渗漏的通量是较低的，通常为 10^{-6}~10^{-4}（Hizman，1961），不会对油气藏本身造成破坏。

关于轻烃微渗漏至地表的机制，出现过扩散作用、溢流作用、地下水作用等不同假说：

（1）扩散作用是指在驱动力的作用下物质（原子、离子、分子）的转移过程。Hunt（1979）、Jones（1991）等学者均对扩散作用提出了反对意见，主要出于三方面原因：①扩散作用是无方向的球面状转移过程，并不会以垂向为主力运移方向；② Hunt 论述扩散作用速率过缓，而微渗漏具有动态性的特征，随着油气藏压力变化，异常会快速形成或消失；③除了 C_1~C_5 的小分子轻烃外，C_{6+} 烃类也会发生扩散作用，而在地表几乎检测不到因微渗漏而产生的大分子烃类。

（2）溢流作用是一种流动或喷发的过程，油气地质中指烃类沿断裂发生宏渗漏的现象，从烃类组成、浓度含量及分布形态等，都与轻烃微渗漏特征明显不符。

（3）地下水作用指油气藏中的水或降雨补充的水垂向运移至地表。Price（1976）、Roberts（1979）、Jones（1984）提到在不同盆地确实存在深层水沿断层向上流动的证据。然而，尚未有研究能够证明大量压缩水（或雨水补充水）会穿过构造变动弱到中等的构造油气藏，达西定律决定了大量深层水穿过垂向渗透率极低的致密盖层是不太可能的，尤其是岩性油气藏。大多数研究者认为地下水流动不会使烃类异常发生水平偏移（MacElvain，1963；Horvitz，1980），轻烃微渗漏的作用力只可能来自烃类在水中单向运动中的浮力差。但是，Pirson（1946）注意到潜水层的水流动会改变地表地球化学异常的相对位置；Toth（1996）指出侧向水流流速能超过 100m/a，在地下水动力强的地区，需考虑水流动对烃类渗漏的影响。

每种理论都有其科学依据，但也均存在无法解释的地方，直到 MacElvain（1969）提出微泡上浮理论，认为烃类以胶体粒径的气泡或连续气相等形式，沿微裂隙近垂直的向上运移。这种极其微小的气泡能够以大气泡或单个气体分子无法实现的方式快速上升，速度可达到每秒数毫米。大气泡因表面积太大而不能显示出分子振动或布朗振动，而溶解气体的单个分子虽因布朗效应会发生强烈碰撞，但不具备足够的密度差来产生重力驱替（浮力）。随着压力的下降和温度降低，溶解在气泡中的 C_{6+} 烃类气体会因溶解度降低而不断析出，到近地表仅剩 C_1~C_5 的小分子轻烃。该理论对垂直性和小分子运移等关键问题给予了合理的解释，是目前与实践观测数据最吻合的假说，受到学者的普遍认可。

为了验证轻烃微渗漏理论的科学性，美国 Atoka 地球化学服务公司创始人 Tedesco 的研究团队，在艾奥瓦州对 Keota 背斜储气库进行了 2 个周期的注采及地表烃类监测的现场试验（Tedesco，1999）。Keota 储气库储层为 St.Peter 砂岩，埋深约 1000ft（约 304m），圈闭类型为北西向背斜构造，面积 10km^2，主要目的层为 St.Peter 砂岩，1963 年转为储气库。研究人员在 1988—1989 年期间开展了 4 次注采实验及地面烃类监测（图 1-2）。

结果表明，在天然气注采前后，储气库上方烃类浓度呈现周期性变化，总结轻烃微渗漏具有以下三方面特征：

（1）轻烃微渗漏速率快：注气层埋深304m，注采周期3个月，地表烃类异常呈周期性变化，烃类微渗漏的速率可能超乎想象；

（2）轻烃微渗漏具有动态性：周期注气，地表烃类异常强度增大，周期采气，地表烃类异常强度恢复为背景值；

（3）轻烃微渗漏具有垂直性：烃类异常平面展布与断背斜圈闭的展布基本一致，构造高点油气富集，烃类异常显著。

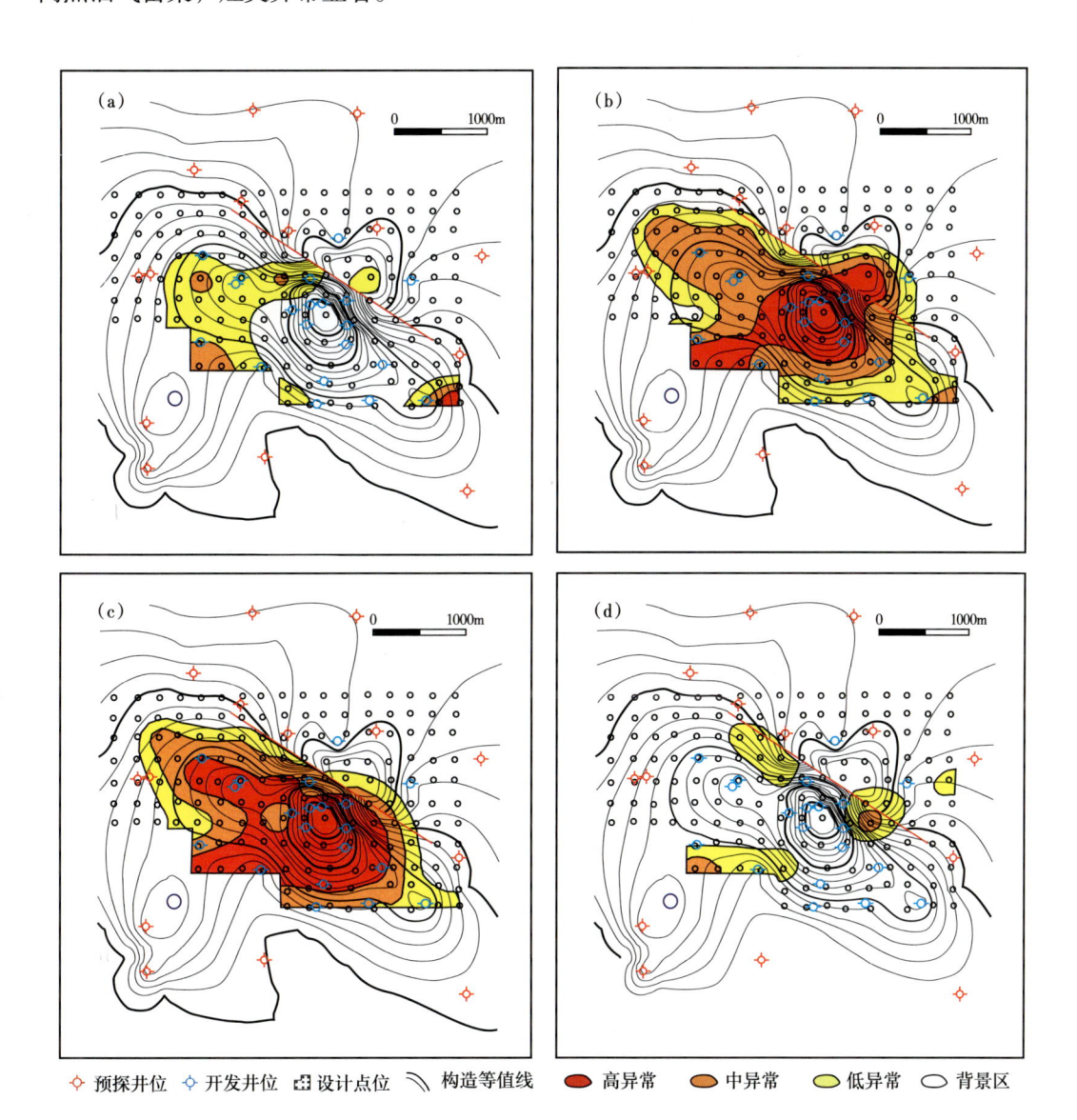

图1-2 Keota背斜储气库注采实验过程及地面烃类监测结果（Jones，1984）

（a）1988年7月注气前，气库上方烃类异常零星分布且强度低，无高异常；（b）1988年10月注气后，气库上方烃类异常连片分布，中高异常面积3.1km²，其中高异常面积1km²；（c）1989年1月采气前，经过3个月的动平衡后，气库上方烃类异常范围进一步向构造两翼扩大，中高异常面积达到3.3km²，其中高异常面积增加到1.9km²；（d）1989年4月，采气3个月之后，进行了第4次监测，发现气库上方烃类异常又恢复到背景值

二、微生物学原理

与油气相关的微生物广泛分布于全球。在阿曼和中国新疆的沙漠、北海及中国东海、渤海和南海的海底表层、美国阿拉斯加和中国青藏高原冻土区、澳大利亚干旱草原和我国松辽广阔的农垦区样品中,均检测到了这类微生物的存在(Mogilewskii,1938;丁力等,2021)。只要地下存在烃类聚集体,烃类物质就会向上发生渗漏,这类专属微生物就会在其表层沉积物中生长和繁殖,还有一小部分轻烃会被沉积物中的黏土矿物和次生碳酸盐胶结物吸附包裹。因此,在油气藏上方表层沉积物中形成了与地下油气藏正相关的专属微生物异常和吸附烃指标的异常(Mogilewskii,1938)。

专属烃类微生物是一类能够利用烃类作为碳源和能源物质生长的微生物,其体内存在的烷烃氧化酶是一种生物催化剂,能够高效、专一地氧化烷烃(王修垣,2008)。以甲烷氧化菌为例,其氧化作用首先是通过烷烃加氧酶的作用活化烷烃,在有氧存在的条件下生成醇,醇进一步氧化可生成醛,醛再进一步氧化成为有机酸,最后有机酸被氧化成 CO_2 并产生能量(图1-3)(王修垣,2008)。

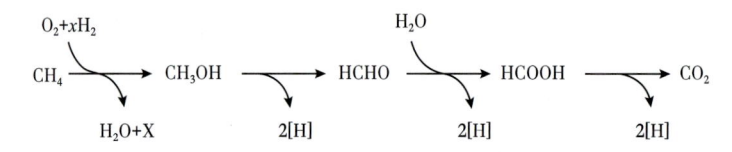

$$CH_4 \xrightarrow[H_2O+X]{O_2+xH_2} CH_3OH \xrightarrow{} HCHO \xrightarrow{H_2O} HCOOH \xrightarrow{} CO_2$$

图1-3 甲烷氧化菌氧化甲烷过程图(王修垣,2008)

甲烷氧化菌是仅代谢 C_1 化合物的微生物群体,不能利用糖或短链烃。全球最先发现甲烷氧化菌存在的是 Sohngen(1913)。Mogilevskii(1940)采用甲烷氧化菌开展了土壤调查。但西方研究人员普遍反对采用甲烷氧化菌,因为虽然甲烷氧化菌对甲烷的氧化代谢具有专一性,但对于油气藏却存在多解性。Mogilevskii 尝试避免这个问题,他通过采集至少1.5m土壤深部的样品,以避开能够产生生物甲烷的纤维素分解菌的活动带,同时还检测了纤维素分解菌。因为在土壤中没有纤维素分解菌存在的情况下,发育甲烷氧化菌就预示着来自油气藏的强烈的甲烷微渗漏作用。但采集深度过深、氧气含量降低,甲烷氧化菌的数量和活性会受到很大影响。

专性烃氧化菌相比于甲烷烃氧化菌,其来源更加单一,更多的对应地下热成因烃类聚集体。乙烷、丙烷等 C_{2+} 烃类主要是热成因,在已有的研究中,几乎未见到在地表自然界中发现生物成因的 C_{2+} 烷烃,在实验室也未见到自然条件下合成的高碳烷烃(中国科学院微生物研究所地质微生物研究室,1960;丁力等,2018),所以 C_{2+} 烃类只与地下的热成因油气相关。烃氧化菌定向代谢相应烷烃,因此可以建立地下油气藏与地表专性微生物间的对应关系,通过检测和分析地表沉积物中烃氧化菌的特征即可检测地下油气藏的存在与分布。

第四节 微生物油气检测技术特点

一、微生物油气检测技术与地表地球化学勘探技术的区别

地表地球化学勘探技术(SGE)是以轻烃在地表发生的物理化学异常为研究对象而产

生的科学，分为直接检测法和间接检测法（高璞等，2008）。前者直接检测浅地表土壤或海底沉积物中的轻烃含量，最常见的是游离烃和吸附烃检测法；后者检测轻烃在浅地表引起的一系列物理化学反应产生的蚀变，如放射性分析法、氧化还原电位法、沥青分析（荧光）法、土壤"盐"（主要是碳酸盐）分析法、痕量金属或痕量元素分析法、地质植物分析法、土壤矿物学（岩石学）法、水动力化学法和磁性分析法等（Klusman，2011；汤玉平和姚亚明，2006）。Duchscherer、Thompson、Tedesco、美国休斯顿能源公司总地质师Tompkins等人基于轻烃微渗漏理论，分别提出了不同的地表蚀变理论模型，这些模型长期以来指导着地表地球化学勘探工作（Verstraete，1976）。

地表地球化学勘探与微生物油气检测技术的地质学原理均为轻烃微渗漏理论，只是检测的对象不同，分别对应轻烃在地表不同的分配形式。轻烃分子向上运移的过程可分为两个阶段（图 1-4）：第一阶段是在浅地表之下地层还原带中的运移，烃氧化菌活性较低，使得土壤生物地球化学过程不明显，一些地化指标，如吸附烃、热释烃和 ΔC 均呈现平稳的状态；第二阶段是在浅层氧化带中的运移，轻烃会发生一系列生物地球化学转化。一方面作为食物使烃氧化菌异常发育，烃氧化菌利用氧气作为电子受体，将轻烃氧化为 CO_2 和 H_2O，从而产生烃氧化菌异常富集；另一方面，烃氧化菌代谢轻烃产生的 CO_2、H_2O 与土壤中的 Ca^{2+} 反应形成碳酸盐岩，碳酸盐岩在形成过程中包裹部分轻烃气体，形成酸解烃等地球化学异常现象（Schumacher，1996）。

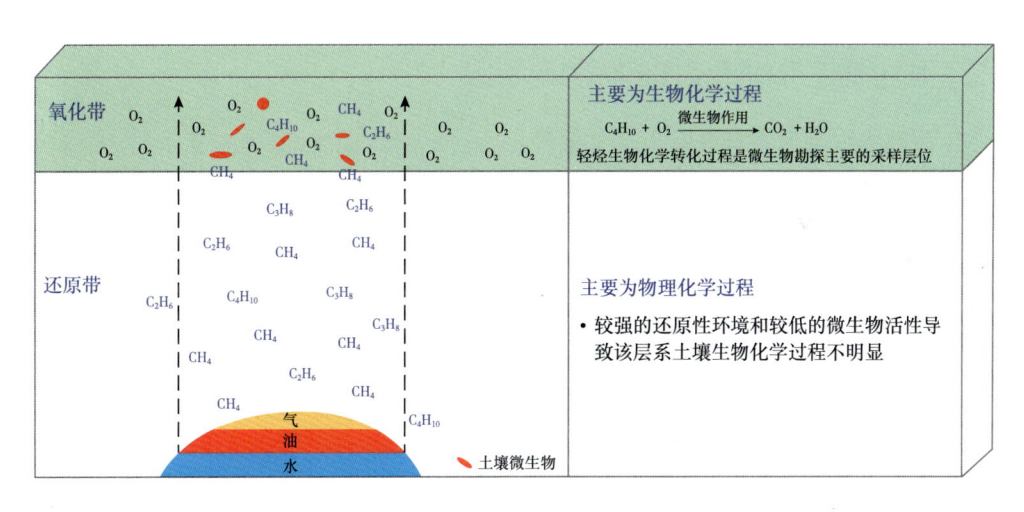

图 1-4 轻烃地表转化模式图（杨迪生等，2019）

轻烃在向上微渗漏过程中会发生一系列变化，其中微生物主要起到以下作用：

（1）微生物消耗微渗漏的轻烃组分，使土壤中的溶解气、吸附气和游离气大量减少；

（2）微生物既消耗氧气，也利用硫酸盐和硝酸盐等其他电子受体，使地下或者地表形成还原环境；

（3）微生物代谢轻烃生成的 CO_2 和 H_2S 可以和一些相关矿物形成碳酸盐、硫化矿物及磁性异常等；

（4）微生物作用可以改变环境中的氧化还原电位（Eh），从而影响系统 pH 值。pH/Eh的改变可以使一些矿物变得不稳定而生成新的矿物；

（5）微生物酶的活动会生成一些其他的矿物沉淀，比如包含在磁性微生物细胞内的磁赤铁矿颗粒。

只要有轻烃渗漏现象发生的区域，微生物就会产生作用，它们对近地表土壤和沉积物的物理性质、化学性质的改变起到了至关重要的作用（王修垣，2008）。同时其本身浓度在平面上的变化趋势也成为一些地表勘探方法的基础。Price（1976）认为地球化学勘探"晕状"异常是好氧细菌和其他微生物对渗漏烃类进行近地表氧化的结果。正因为浅地表专属微生物的大量存在，地球化学检测才得以成为土壤中的残余烃的反映，所以表现为环状或晕状异常形态。此外，由于残余烃浓度相对较低，其受环境因素的影响更大，多解性也较强。常规油气化探技术与微生物油气检测技术的区别见表1-3。

表1-3 常规油气化探技术和微生物技术对比

技术	常规油气化探	微生物油气检测
原理	地球化学原理	生物地球化学原理
用途	宏渗漏及区带含油气性评价，用于微渗漏研究有不确定性	所有类型渗漏、区带及圈闭含油气性评价
异常形态	顶端或晕状异常等	顶端异常
地表影响因素	受微生物代谢作用影响较大，同时受到土壤理化性质等环境因素影响	受特殊土壤理化性质等环境因素影响
数据解释	反映微生物代谢之后残余的烃渗漏特征	反映动态的、主要的烃渗漏特征

二、微生物油气检测技术的优势与不足

微生物油气检测技术具有以下几个优势：

（1）微生物方法检测以烷烃为碳源的氧化菌的含量，指标具有更高的专一性。

（2）适用范围较广，陆地和海域均可使用，直接对应轻烃物质。

（3）微生物方法检测的是活体烃氧化菌，其生长情况反映的是现今正在发生的、动态的微渗漏的特征，有微生物的大量存活即表明地下存在活跃的油气系统。

（4）微生物油气检测技术在全球已完成多个油气检测项目，建立了全球微生物油气检测的数据库，有利于类比判定研究区的微生物门槛值，这对于微生物油气检测数据解释非常重要。

（5）微生物方法具有取样便捷、成本低、周期快的特点，1~2个月即可获得初步检测成果，成本不到地震勘探法的六分之一。

同时，该技术存在以下几个劣势：

（1）微生物油气检测技术成果是纵向累加的结果，只能检测油气平面分布特征，纵向上没有分辨率，不能检测具体的目标深度和层位。

（2）一些极端环境或土壤理化性质差异较大的地区，微生物的生长会受到环境因子的影响，如不进行识别和处理将难以反映地下油气的分布情况。

（3）微生物油气检测技术对于微生物异常区和背景区检测准确率较高，但对过渡区的检测存在不确定性。

（4）微生物在地表的分布具有较大的非均质性，采样点不足或采样设计不合理都会造成成果解释不准确。

第五节 "4G"综合评价思路

各学科都有其学术边界，各技术也都有其局限性，因此，石油天然气勘探需要多学科之间相互取长补短，形成相互验证支持的统一整体，从而发挥更大的作用。本文结合勘探实践，创新性的提出了融合地球科学与生命科学相关技术的"4G"油气综合评价技术体系。它以地质、地震、测井、钻井、测试资料为基础，以地质微生物烃检测技术为特色，将地质学（Geology）、地球物理学（Geophysics）、地球化学（Geochemistry）及地质生物学（Geobiology）"4G"学科的技术成果有机结合，针对目标区的勘探难点，提出综合研究思路与技术解决方案，实现对勘探目标的快速、准确、有效的含油气性评价，达到提高钻探成功率、降低勘探风险的目的。

圈闭含油气性评价是油气勘探中的一个重要阶段，在该阶段中，会遇到多种技术问题，"4G"综合评价体系的研究思路和技术手段所发挥的作用主要表现在以下三个方面：

（1）在地球物理、地质技术存在局限或勘探目标复杂时，微生物技术可以通过布设测线和稀网格，较准确地检测和优选出含油气圈闭。

（2）在充分认识圈闭整体含油气性的基础上，可以通过布设微生物密网格进行目标钻前评价。结合地震地质精细评价技术，可以规避微生物技术纵向分辨率差和圈闭类型判别多解性强的问题，从而达到分辨纵向有利目的层系及圈闭类型的目的。

（3）在地球物理学、地质学、地球化学和地质微生物学之间的认识存在矛盾时，可通过多学科综合研究，指导和完善成果认识。

总体来说，"4G"综合评价体系研究思路和技术手段，是针对各学科的技术局限及复杂问题，制定的发挥各学科的优势解决复杂问题的技术思路和手段，其最终目的是不断地明确和深化地质认识，降低勘探风险，有望成为复杂勘探目标快速、准确、有效的含油气性评价的新途径（图1-5）。

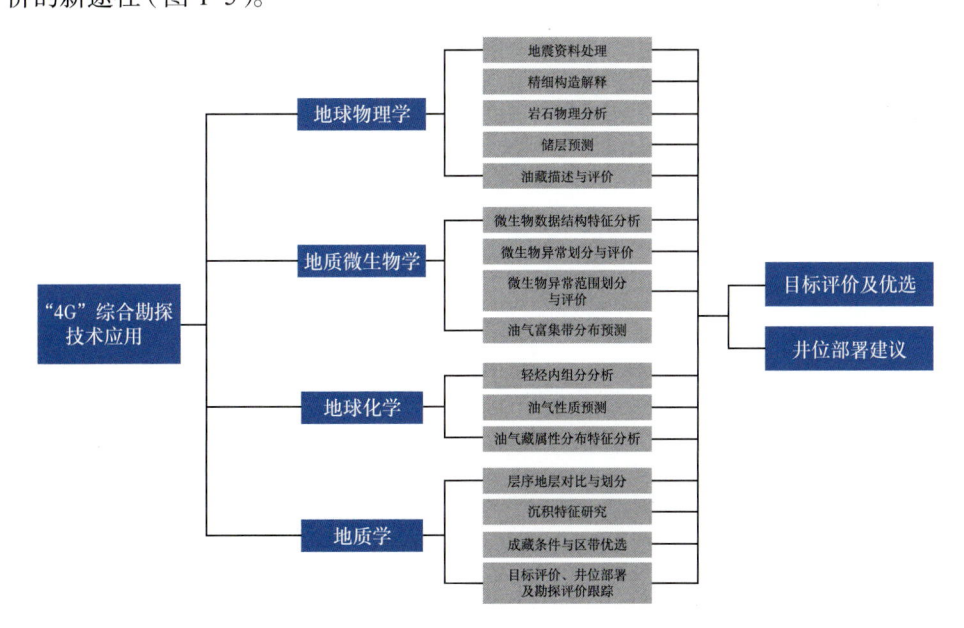

图1-5 "4G"综合评价体系的构成和应用

第六节　应用效果

一、中国准噶尔盆地中拐凸起火山岩油气藏微生物油气检测

研究区位于准噶尔盆地西部隆起中拐凸起，地貌为戈壁和农田区。中拐凸起以石炭系火山岩储层为主要勘探目标，中基性岩、凝灰岩和安山岩最为发育（张顺存等，2011）。前期钻探的 JL6 井、JL10 井获得油气发现，证实该区石炭系具有较好的油气勘探前景，但由于火山岩储层岩性变化快、分布杂乱，加上受断裂控制，油水分布规律不清，勘探部署面临难题。在该区域约 160km² 范围内，采用 330m×330m 的均匀网格密度开展了微生物油气检测工作。

微生物检测结果指示研究区分布 3 个油气富集区，对该区 13 口钻井进行含油气性评价，其中有 11 口井位于微生物指示的稳定油气富集区内，钻探验证均获得油气发现，有 2 口井位于微生物指示的非油气区内，钻探验证为失利井（图 1-6）。其中 5 口钻井的

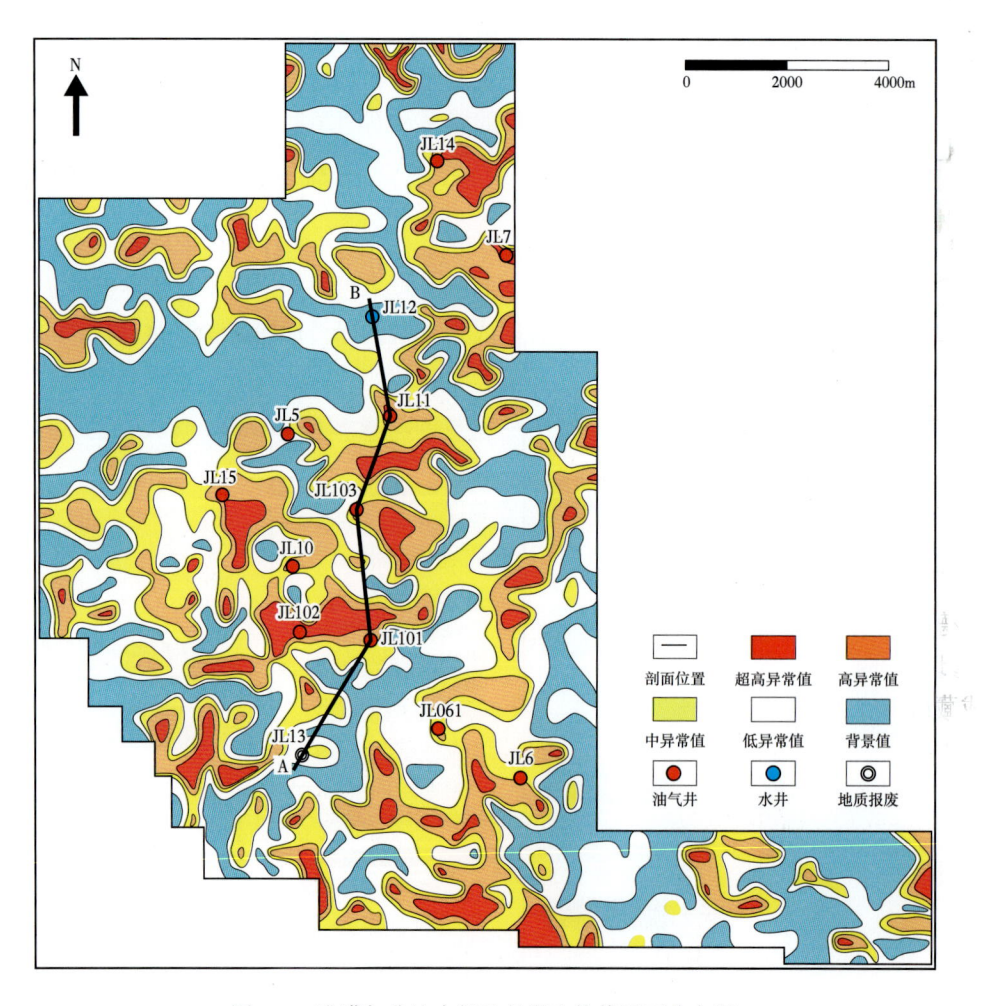

图 1-6　准噶尔盆地中拐凸起微生物值平面分布图

微生物与地震叠合剖面如图 1-7 所示，钻探目标为石炭系局部构造，地震资料指示圈闭落实，但从微生物结果看，JL101 井、JL103 井和 JL11 井位于微生物异常区内，3 口井钻探后证实为油气井，JL13 井异常不明显，该井最终钻探证实为地质报废井。JL12 井前期研究认为圈闭可靠，为有利钻探目标。但微生物结果显示为稳定背景值特征，最终钻探结果揭示该井为水井。结合 JL12 井地震资料分析认为该目标钻探失利的原因，可能与圈闭顶部发育的断裂有关，油气已发生溢散，油气藏遭到破坏。微生物数据特征与实际钻探结果吻合度较高，证实了微生物检测结果的准确性。

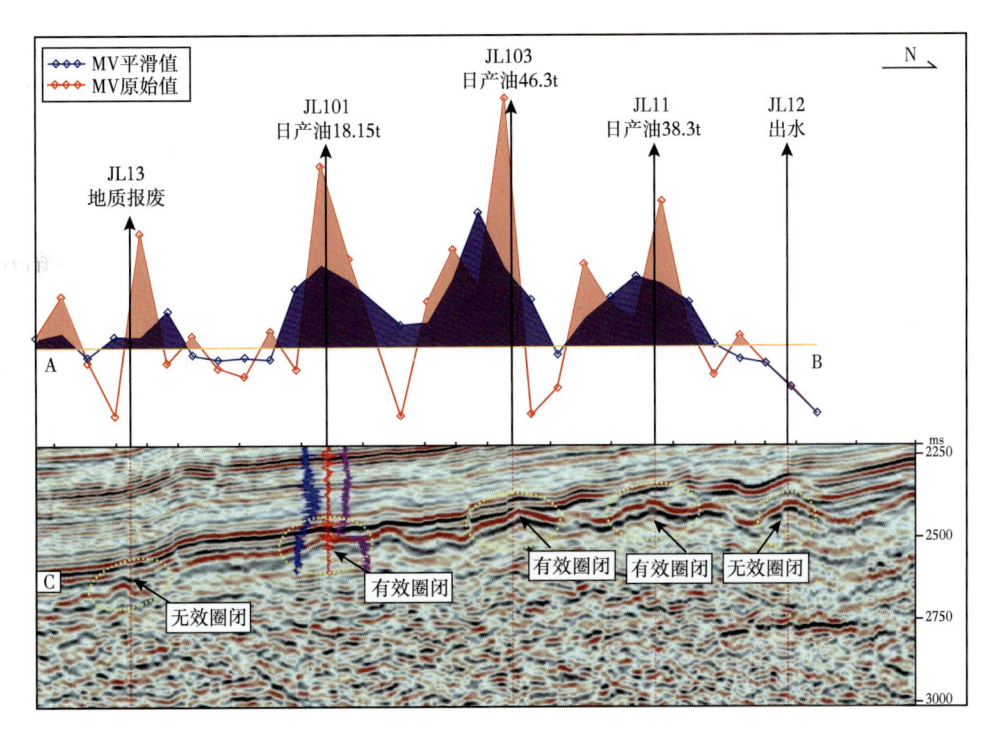

图 1-7　准噶尔盆地中拐凸起微生物异常与连井地震剖面叠合图（剖面位置见图 1-6）

二、德国东部某碳酸盐岩油气藏微生物油气检测

德国东部某地区地貌以沼泽和草地为主，主力勘探目标是上二叠统 Stassfurt 碳酸盐岩（王修垣，2008）。Stassfurt 碳酸盐具有自生自储的特点，上覆膏岩层为盖层，形成较有利的成藏组合。1995 年 MicroPro 公司采用 MPOG 技术对研究区开展含油气性检测工作，共采集 197 个土壤样品，覆盖面积约 120km^2，检测烃氧化菌指标。根据烃氧化菌检测结果，将研究区划分为 A 类异常区、B 类异常区、不确定区和背景区，代表区域的含油气性依次减弱。研究区西部大部分地区为背景区，仅在东部存在明显的烃氧化菌异常区，表明具有一定的含油气前景。

后续钻探结果指示，在微生物 A 类异常区钻探 Kise-2 井和 Kise-5 井均为油气发现井；在不确定区钻探的 Kise-1 井和 Kise-3 井则为干井（图 1-8）（王国建等，2018）。微生物油气检测技术指示的有利区范围，与钻探识别的油水边界具有较好的吻合性。

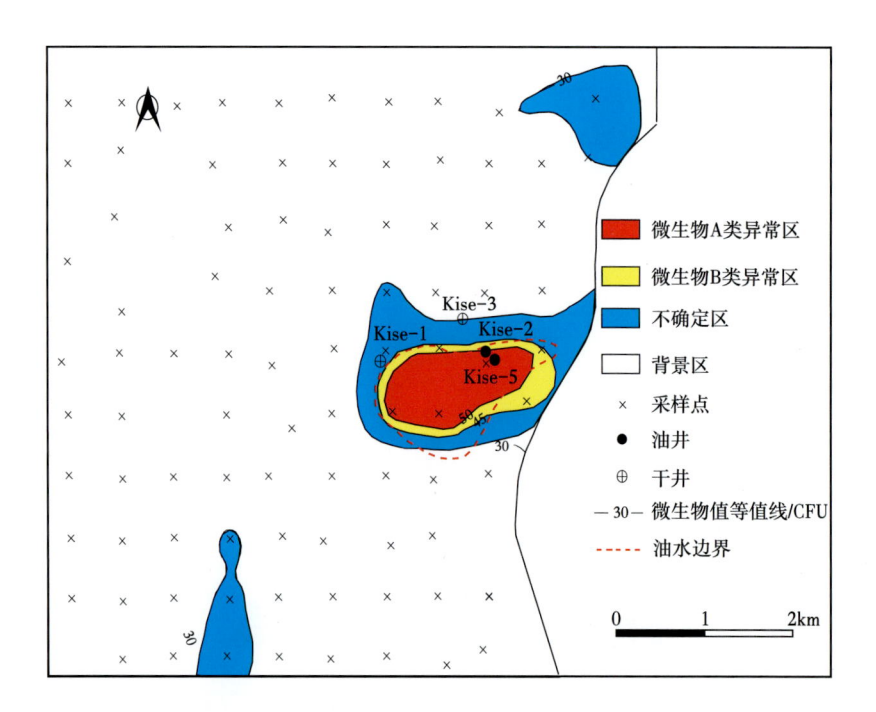

图 1-8　德国东部某油田微生物油气勘探成果图（王国建等，2008）

第二章　微生物油气检测数据获取新方法

土壤物理化学性质和地貌等地表环境因素及微生物在土壤中分布的非均质性等均会对烃氧化菌数据带来干扰，从而影响微生物油气检测的效果。为了采集能反映地下轻烃微渗漏特征的样品，准确提取土壤中烃氧化菌的信息，降低地表环境因素对烃氧化菌的影响，本章分别从样品采集、实验检测、环境因子校正三方面，探讨了获取更可靠微生物数据的新方法。在微生物样品采集方面，改变了传统单点单样的采集方式，通过借鉴地震采集中降低噪声和增强信号的技术原理，尝试了组合采集方法，压制微生物在土壤中分布的非均质性，提高样品的代表性；在样品检测方面，开发了微生物现场快速检测技术，可以在现场快速获得微生物检测结果，监测样品采集质量；在数据处理方面，探讨了压制地表环境影响因素的校正方法。

第一节　指标选择与评价方法

一、烃氧化菌指标的选择依据

烃氧化菌相对于甲烷氧化菌，地表的干扰因素更少，专一性更强。因此，本文选择以烃氧化菌作为土壤油气指示菌指标来开展研究。Hitzman 将产油区内外 10 份土壤样品接种至分别含有乙醇、丙醇和丁醇的培养基中，对比培养后的微生物菌落数发现，接种了产油区内土壤样品的培养基中，相较于接种产油区外土壤样的培养基，乙烷氧化菌、丙烷氧化菌和丁烷氧化菌菌落数据均明显升高，且 3 种烃氧化菌菌落变化的总体规律基本一致，均可以作为油气指示菌（中国科学院微生物研究所地质微生物研究室，1960）。因此，选择其中一种烃氧化菌开展研究即可，不用检测多种烃氧化菌指标。

微生物油气检测技术培养法的核心是选择性培养与烃类相关的指示微生物，排除其他微生物的影响。醇类培养基可以起到选择性培养的作用，主要体现在两方面：(1)为烃类指示微生物的生长提供碳源，如丁醇培养基可支持丁烷氧化菌生长；(2)醇类培养基对于不以烃类为碳源的其他种属微生物具有毒性，可作为选择剂，抑制其他菌类的生长。

根据毒理学资料及环境行为分类，正丁醇和正丙醇属于低毒类，乙醇为微毒类，毒性效果正丁醇＞正丙醇＞乙醇（邢其毅等，2005），丁醇对干扰菌的抑制作用更强，选择性培养效果更佳。因此，本文选择丁烷氧化菌作为烃氧化菌检测的主要指标，如无特殊说明，文中所提到的微生物、烃氧化菌及采用 MOST 检测技术方法的指标均指丁烷氧化菌。

二、丁烷氧化菌样品采集、检测与评价方法

本书对丁烷氧化菌样品的主要采集流程包括：采用手持 GPS 进行定位，测量精度约

5m 范围之内。样点的选择应避开道路、油井区、居民区等人为扰动区域及湖泊等特殊环境。如设计点 5m 范围内无法取到合适样品,需将测点向周围区域作偏移,偏移量小于测点间距的一半,超过测点间距一半的样点作为空点。采集土壤样品约 200g,采用专用的牛皮纸袋进行封装。样品采集完毕后,需在当日对样品进行烘干预处理,这样做的目的是使样品中的微生物处于稳定状态,避免环境的改变带来的干扰。

丁烷氧化菌的检测方法为平板培养法,实验均在益亿泰地质微生物技术(北京)有限公司微生物实验室进行。实验步骤包括:(1)预实验,称取一定质量的土壤样品,采用梯度稀释的方法进行预实验,确定合适的稀释度;(2)平板接种,称取 25.0g 样品与营养液充分混合后,按照预实验确定的稀释度进行平板接种,采用选择性培养基进行培养;(3)平板培养,将完成接种后的平板倒置在生化培养箱中,38℃恒温培养 7 天;(4)平板计数,在接种的平板中,每一个轻烃氧化菌细胞都会生长成为一个肉眼可见的菌落,通过电子计数仪对平板上的菌落数目进行统计,可以计算微生物值(Microbial Value,简称 MV;丁力等,2018)。由于计数仪是对每个平板内的烃氧化菌数量的统计,因此计量单位是 CFU/平板,以下简称 CFU(Colony-Forming Units)。

微生物值指地表或海底沉积物单位质量样品中专属烃氧化菌的丰度,是微生物方法评价油气富集程度的最重要指标。其数值高低可以反映地下活跃油气系统的渗漏强度,是判别油气藏存在与否及分布范围的重要定量指标。为了提高检测的精度,在进行样品检测时,各个环节均已实现机械化,避免人为差异导致的误差。此外,为了增强数据可靠性,对同一样品平行检测 3 次,取平均值作为最终数值。进行数据解释时将微生物值分成 5 个级别,分别以红色、橙色、黄色代表超高异常、高异常、中异常;绿色和蓝色代表低异常和背景。由于微生物数据反映的是统计学规律,在进行综合评价时,除了关注微生物值的绝对数值,还要分析微生物数据的平面分布的特征。若红色、橙色、黄色在平面上呈片状、簇状分布,且异常区外围有背景区作为支撑,则表现出较高的微渗漏强度,为微生物值异常区,代表油气富集区;若绿色、蓝色在平面上呈大面积连续分布,则渗漏强度弱,为微生物值低值区和背景区,代表非油气区(王付斌和刘敏军,2001;邓国荣,2006)。

第二节 样品组合采集方法

滇黔北坳陷威信凹陷地表环境以森林为主,土壤样品具有含盐量低、pH 值低、含水率高的特点;吐哈盆地 YT1 井区是戈壁地貌,土壤样品具有含盐量高、pH 值高、含水率低的特点。本书选择这两种地貌截然不同的地区,开展样品组合采集与常规单样采集数据可靠性对比实验,探讨组合采集在这两个地区是否均能起到提高丁烷氧化菌样品代表性的效果。

一、研究区概况

1. 滇黔北坳陷威信凹陷森林区

滇黔北坳陷威信凹陷研究区位于云南、贵州、四川三省交界处,地处云贵高原东北部,属落差较大的山地森林地貌,植被茂密。构造上北接四川盆地,南为滇东黔中隆起,西部为滇黔北坳陷的昭通凹陷(图 2-1)(梁兴等,2020)。经历了晚元古代晚期—早古生代扬子陆架南部大陆边缘、晚古生代—中三叠世裂陷陆表海、中生代前陆盆地三个构造演化阶段，发育震旦系—中三叠统海相沉积及上三叠统—下白垩统陆相沉积。震旦系至三叠系发育较齐全，分布广泛，岩性组合复杂，累计厚度大于13000m。

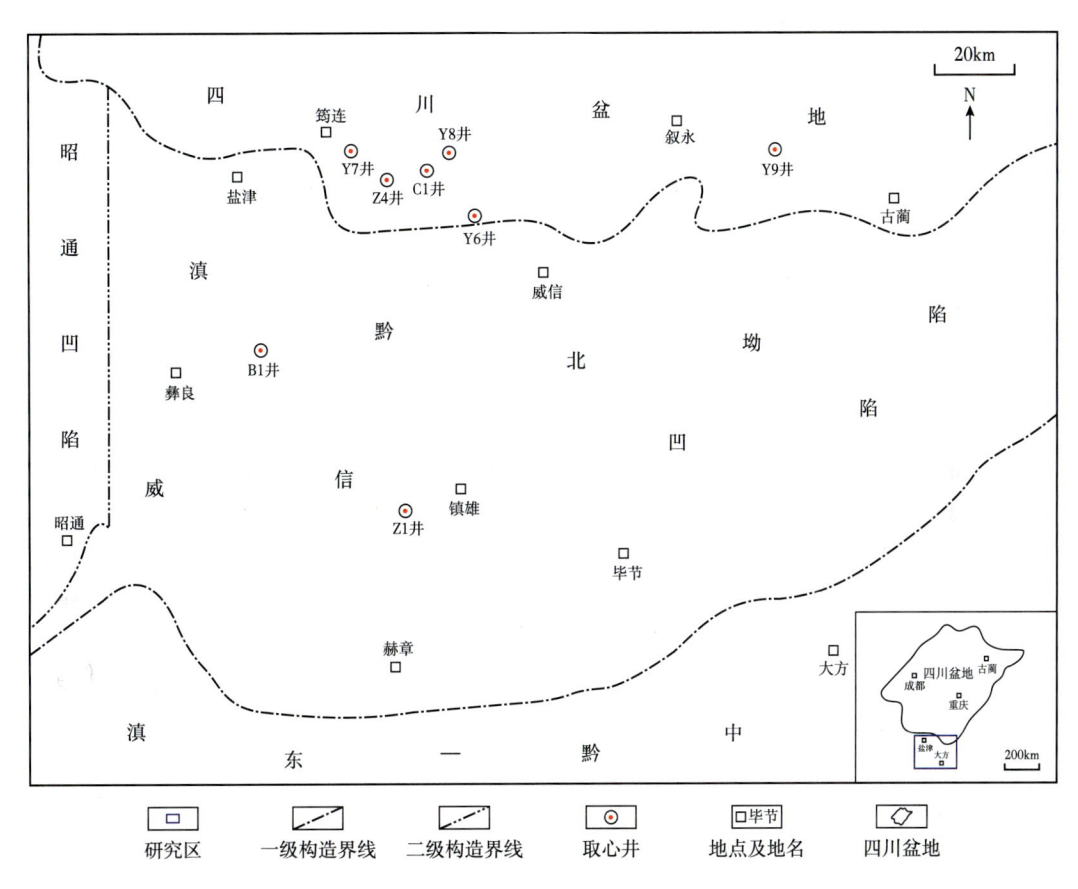

图 2-1 滇黔北坳陷威信凹陷构造分区图（况军等，2002）

2. 吐哈盆地 YT1 井区戈壁区

吐哈盆地 YT1 井区位于新疆维吾尔自治区吐鲁番市鄯善县境内，地貌以戈壁为主。构造位置位于吐哈盆地台南凹陷与台北凹陷之间的库木凸起之上，东部紧邻已探明储量的鲁克沁油气田（图 2-2）（武超等，2021）。构造背景为逆掩推覆构造，南高北低，北西向为主体凹陷区，地层向南东方向逐渐抬升，发育受断裂控制的断块圈闭。

二、材料与方法

在两个研究区每个设计点以 5m 为间隔采集 3 个土壤样品，组成三角形的 3 个顶点。采集深度 20~25cm，单个样品质量 200g，分别以字母 O、A、B 标识。此外，3 个样品各取 50g 土壤，混合形成 1 个组合样，以字母 F 标识。3 个样品检测数据的平均值以字母 V 标识。混合后单点 4 个样品的质量均为 150g。

分析单点 3 个样品 O、A、B 数据的相关性，并与 V 样、F 样数据做对比，评估单样与混合样的效果。本文在威信凹陷森林区对 343 站设计点，每站采集 3 个正常样，并制作

1个混合样,共计1372个样品;在YT1井戈壁区对143站设计点进行采样,每站同样采集3个正常样,制作1个混合样,共计572个样品。

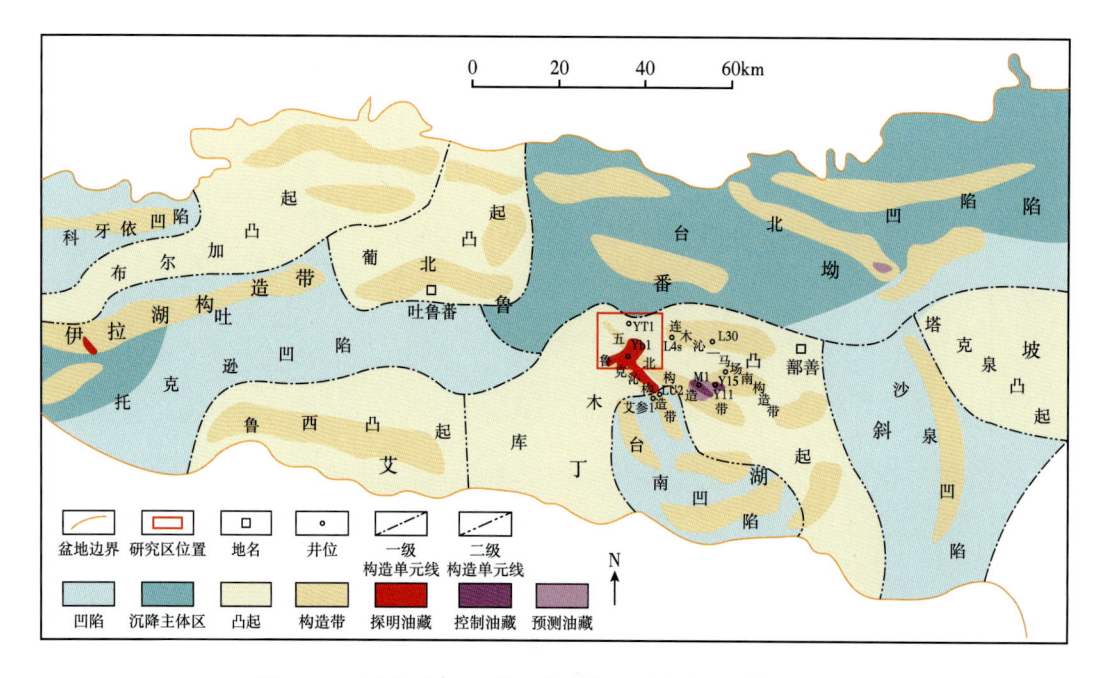

图2-2 吐哈盆地YT1井区构造位置图(雷德文等,2012)

三、结论

本节对森林区343个站点的O、A、B三样烃氧化菌值进行了统计(表2-1)。从三组数据的统计学特征来看,各组数据特征结构比较接近,仅在最大值上偏差较大,其余指标比较稳定。从森林区每站点3个样品的相关关系图可见(图2-3),单点3样每二者之间的特征具有相似性,均表现出一定的正相关关系,但是匹配度并不高。O—A、A—B、O—B氧化菌数据的R^2分别为0.5407、0.6579和0.4485,表明单点不同样品的烃氧化菌值波动较大。

表2-1 森林区单点三样的烃氧化菌值统计表　　　　单位:CFU

样品号	O样	A样	B样
平均值	55	55	54
标准差	82	83	83
中位数	15	16	14
最大值	492	444	476
最小值	0	0	0

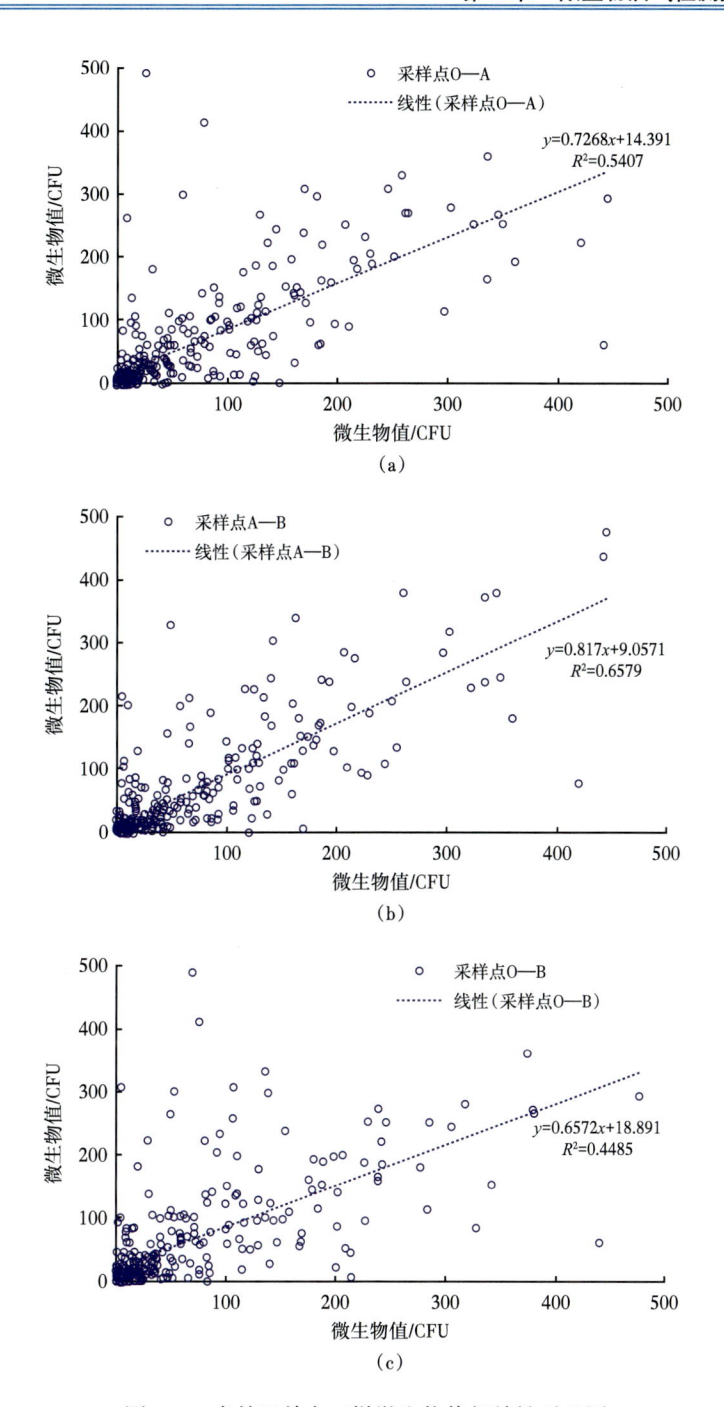

第二章 微生物油气检测数据获取新方法

(a)

(b)

(c)

图 2-3 森林区单点三样微生物值相关性对比图

（a）图为同一采样点 O 样和 A 样的微生物值对比图；（b）图为同一采样点 A 样和 B 样的微生物值对比图；
（c）图为同一采样点 B 样和 O 样的微生物值对比图

对戈壁区 143 个站点的 O、A、B 样烃氧化菌值统计见表 2-2。三组数据的统计学特征也较相似，但各指标间的差异明显高于森林区，数据稳定性更差。戈壁区每站点 3 个样品的相关性如图 2-4 所示，同样呈现出相似性，单点任意两个样品均存在一定的正相关关系，但 O—A、A—B、O—B 氧化菌数据 R^2 分别为 0.4632、0.3926 和 0.4191，单点不同样品的烃氧化菌值同样波动较大，相关性低于森林区。笔者分析戈壁区相关性差的原因可能是戈壁区土壤中含盐量较高，且各样品之间含盐量变化大，而理化性质的较大差别会影响烃氧化菌值的高低，因此，不同样品烃氧化菌值波动更大。

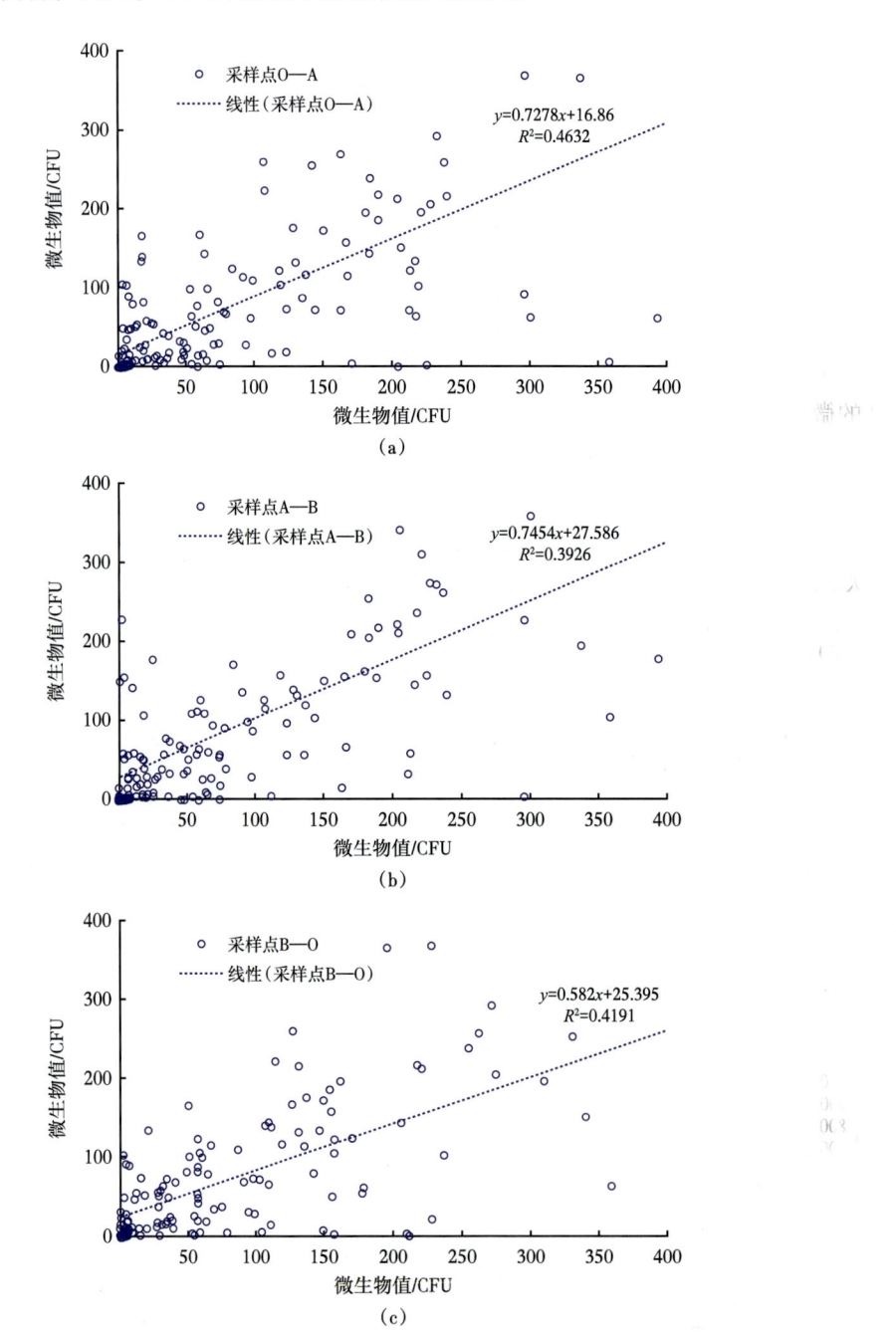

图 2-4 戈壁区单点三样微生物值相关性对比图

(a) 图为同一采样点 O 样和 A 样的微生物值对比图；(b) 图为同一采样点 A 样和 B 样的微生物值对比图；
(c) 图为同一采样点 B 样和 O 样的微生物值对比图

通过以上分析可以看出，两种地貌的单点 3 样烃氧化菌值均存在波动性，单点各样品数值的 R^2 平均值仅约为 0.45，表明单点 3 次取样的数据跳跃性较大，取单样检测数据作为最终结果将会带来较大的不确定性。

表 2-2　戈壁区单点三样的烃氧化菌值统计表　　　　　　　　　单位：CFU

样品号	O 样	A 样	B 样
平均值	78	84	90
标准差	115	107	127
中位数	36	46	50
最大值	888	630	778
最小值	0	0	0

由森林区、戈壁区的单点三个样品与平均值的对比折线图也可以看出，各点位 3 个样品的微生物数值虽然总体趋势较一致，但个别点位 3 个样品的数据仍然有较大的跳跃性，体现了微生物在土壤中非均质分布的特征。然而，对 3 个样品取均值后，降低了烃氧化菌数值分布的跳跃性，数值稳定性相对更好（图 2-5，图 2-6），效果要好于单点单样。但采用这种方式需要在单点采集 3 个样品，在实验室再对每个样品做 3 次平行样，即单点检测 9 次。采集、运输和检测成本会大幅增加，效率降低。

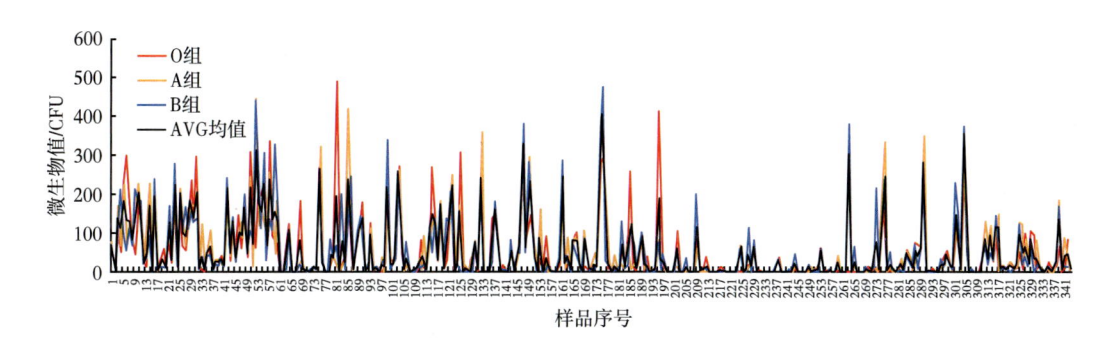

图 2-5　森林区单点三样与均值相关性对比图

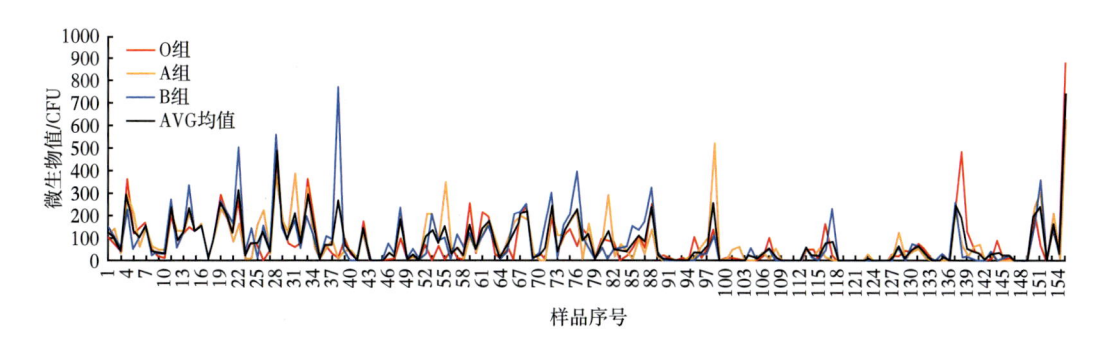

图 2-6　戈壁区单点三样与均值相关性对比图

采用将现场3次取样的样品制成混合样的方法,将混合样F值与三样均值V值作相关性分析。森林区343个站样点V值和F值分别为54CFU、56CFU;戈壁区143个站的样点V值和F值分别为86CFU、94CFU(表2-3)。V样与F样的数据偏差较小,在未剔除明显偏离点的情况下,相关系数分别为0.92和0.91(图2-7),明显好于单点3样之间的相关度,趋势也基本一致(图2-8,图2-9),此外,采集和检测效率有大幅提高,且降低了成本。

表2-3 两种地貌单点三样平均值与混合样数值对比表

类别	V样/CFU	F样/CFU	V样/CFU	F样/CFU
均值	54	56	86	94
标准差	75	79	103	113
中位数	19	18	50	53
最大值	405	477	750	772
最小值	0	0	0	0
观测值	343		143	

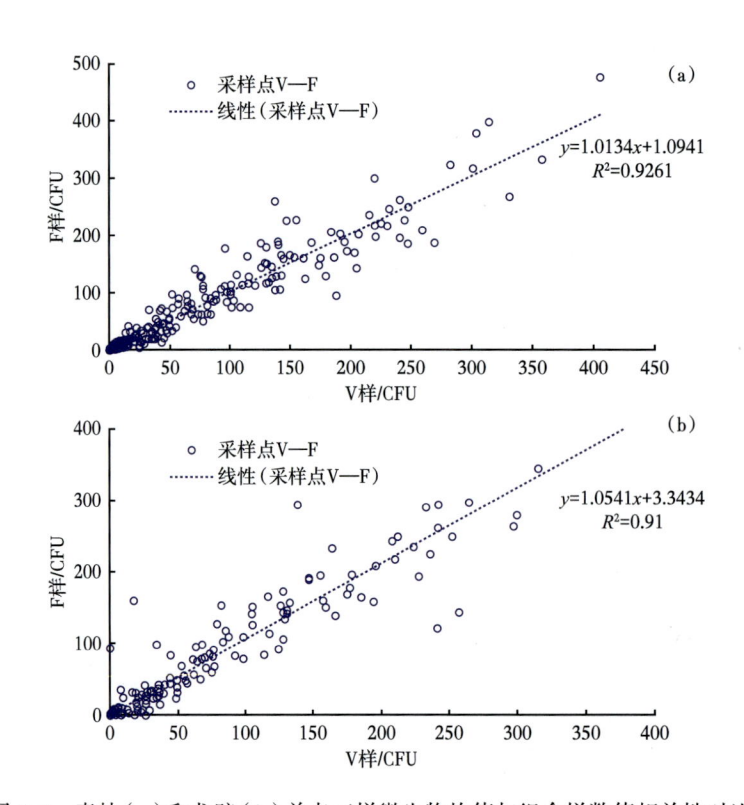

图2-7 森林(a)和戈壁(b)单点三样微生物均值与组合样数值相关性对比图

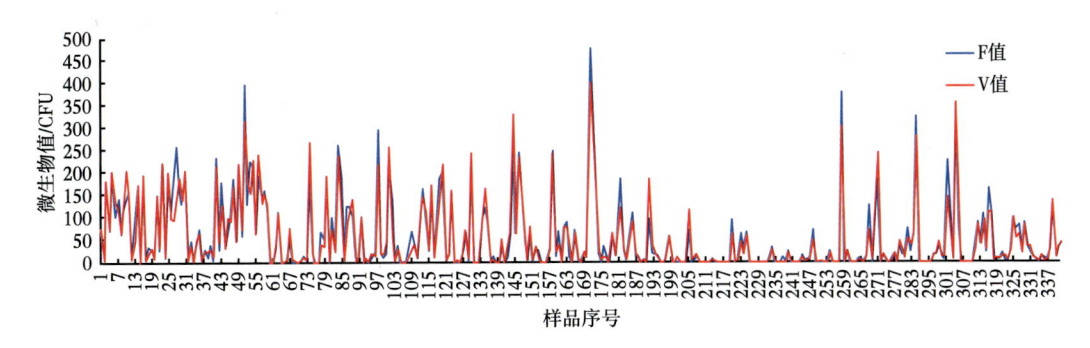

图 2-8 高山区单点三样微生物均值与组合样数值相关性对比图

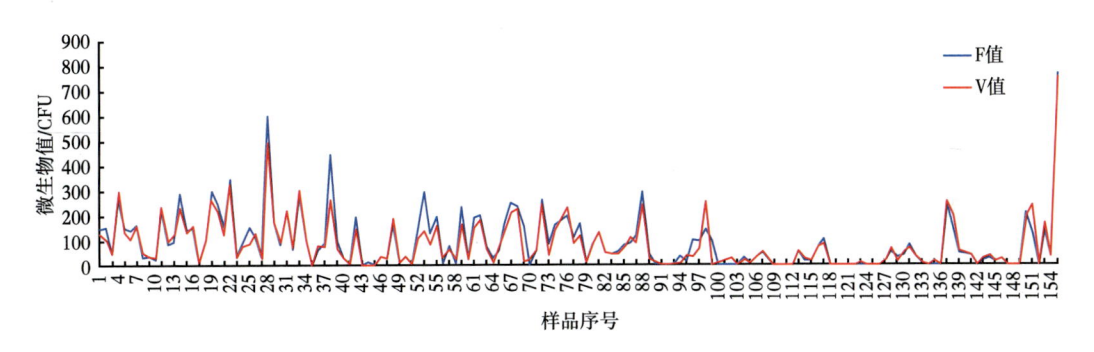

图 2-9 戈壁区单点三样微生物均值与组合样数值相关性对比图

由以上分析结果可见，单点单样的检测结果具有较大的不确定性，不做处理将会产生较大的偏差。单点多次采样取均值后，数据稳定性要明显高于单样数据。通过对三样混合样与均值的对比，认为二者相关性较高，在考虑成本和效率的情况下，可用混合样代表单点结果。在复杂地区，应考虑增加取样个数和混合次数，并可根据点间距适当增加单点多样的间隔，使混合样品更具有区域代表性，效果将更佳。

第三节 现场快速检测技术

对于微生物油气检测的实验检测环节而言，最主要的目标是准确地检测样品中烃氧化微生物的数量和群落结构，同时排除其他非烃氧化微生物对于检测的干扰。其中对于烃氧化微生物数量的定量检测，被中国多项国家标准和美国食品药品监督管理局编制的《细菌学分析手册》所推荐的标准方法有两种，分别是检测陆地样品的平板培养法和检测海底沉积物样品的最大可能数法。

上述方法对实验室大型仪器设备依赖度均较高，只能发回实验室才能开展检测工作，周期多为 7~14 天。本节在常规微生物培养检测的基础上，拟建立一种快速显色方法，通过对显色程度的判别大致快速确定烃氧化微生物的丰度，进而指示油气藏的富集程度。其优势是对实验室的大型仪器设备依赖度低，能够在现场较短时间内对样品的采集质量进行检验，指导野外采样。

该技术体系需要解决的主要问题有培养基的组成和反应时间控制两大难题。培养基中选择不同浓度的碳源会影响数据的分辨率；而反应时间不充分或反应时间过长，会导致反应不充分或反应过度的情况，影响检测的效果。因此，需要通过实验选择合适的培养基和反应时间。

一、材料与方法

1. 最佳浓度培养基选择实验方法

在烃氧化菌液体培养基中，加入不同含量丁醇选择性碳源进行反应，分别调节碳源浓度为 0.2%、0.4%、0.6% 和 0.8%，测定反应曲线，确定最佳浓度体系。

2. 最佳反应时间选择实验方法

在青海省南部乌丽研究区，选取相同地貌的烃氧化菌低值、中值、高值和超高值样品各一份，在最佳反应浓度的条件下，每隔两小时测量一次微生物值，观察不同样品随反应时间增加微生物值变化的特征，分析确定最佳反应时间。

二、结论

1. 最佳浓度培养基选择实验结果

如图 2-10 所示，随着反应时间的增加，4 条不同丁醇浓度培养基内微生物值曲线均出现了增加的趋势。但从变化幅度来评价，在丁醇浓度为 0.6% 和 0.8% 的培养基内，样品微生物值在整个反应过程中都有增加的趋势，但变化幅度很小，曲线趋于水平，反映出数据的区分度很差；在丁醇浓度为 0.2% 的培养基内，样品微生物值在整个反应过程中具有缓慢增长的趋势，数据变化量较 0.6% 和 0.8% 的培养基有所提升；在丁醇浓度为 0.4% 的培养基内，样品微生物值在整个反应过程中呈稳定增长的趋势，数值变化量最大，曲线斜率大，数据的区分度最好。对比分析认为 0.4% 的丁醇碳源添加浓度是最佳反应浓度。

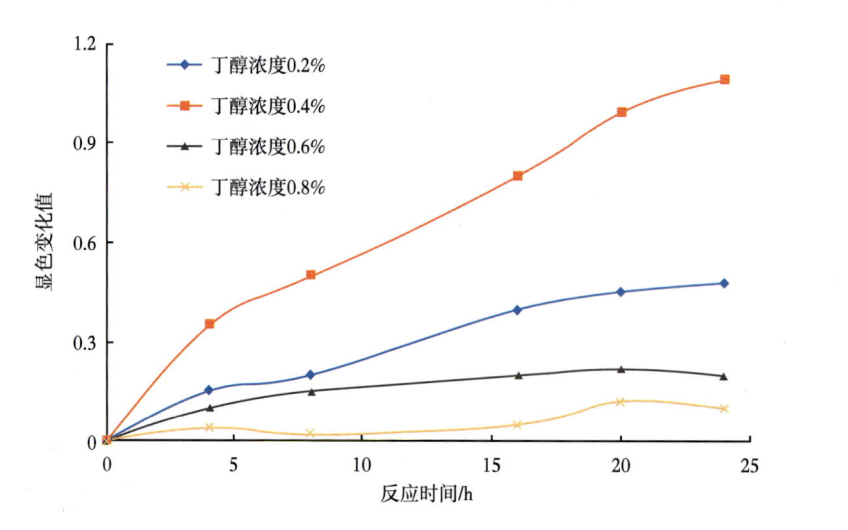

图 2-10 不同丁醇浓度的反应曲线图

2. 最佳反应时间选择实验结果

如图 2-11 所示为 4 份样品在同一检测体系下的实验结果，对于背景区样品，随着时间的推移，微生物值变化不大，仍为低值；超高异常区的样品微生物值在 0~14h 区间内，达到微生物生长平台期，后续基本保持不变。中高异常和高异常样品的微生物值均表现为随时间增长而增加的趋势，但在 22~30h 时间段，中高异常样品微生物值均高于高异常样品，这与实验室检测结果不符，为反应时间过长的表现。0~22h 时间段内，中高异常样品微生物值均低于高异常样品，符合实验室检测的结果。由于在 14~22h 时间段内微生物值分辨率最高，区分度也最好。因此，本实验的结果表明反应时间 14~22h 是最佳的反应时间。

所以，在常规微生物培养检测的基础上，基于快速显色方法，可以确定最佳丁醇浓度为 0.4%、最佳反应时间 14~22h 的检测反应培养体系。

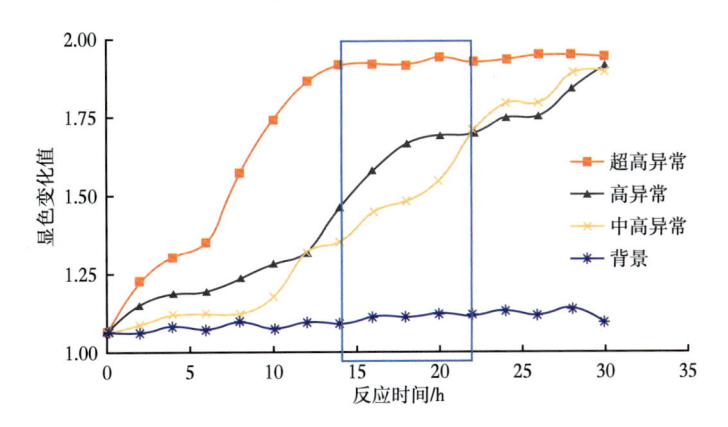

图 2-11 不同烃氧化菌含量样品随时间反应曲线图

三、四棵树凹陷应用效果

为了验证现场快速检测方法的效果，在准噶尔盆地南缘四棵树凹陷 A 研究区，分别开展了现场快速检测和实验室培养检测，并对比检测结果。

四棵树凹陷处于北天山构造带与西准噶尔构造带交会处，北部是车排子凸起，西南部是伊林黑比尔根山，东部与霍玛吐背斜带相接（杨迪生等，2019；图 2-12）。

四棵树凹陷经历了晚海西期、燕山期、喜马拉雅期三个构造期次发展起来，喜马拉雅末期构造运动对其影响较大（任江玲等，2020）。四棵树凹陷发育下、中、上 3 套成藏组合（下侏罗统八道湾组—下白垩统吐谷鲁群、上白垩统—渐新统、中新统）（李学义等，2003）。经过几十年勘探，在中、上成藏组合已发现独山子油田、玛纳斯气田等多个中小型油气田。况军等（2002）认为，准南油气储量巨大，探明程度极低。雷德文等（2012）认为下组合发育中大型构造，存在优质规模储层，具备大油气田形成的条件。2010—2012 年在西湖背斜、独山子背斜和呼图壁背斜分别钻探了 XH1、DS1 及 DF1 等井，证实准噶尔盆地南缘冲断带下成藏组合发育厚层状规模有效储层。2018 年针对高泉东背斜下成藏组合钻探了 GT1 井（图 2-13；杜金虎等，2019）。

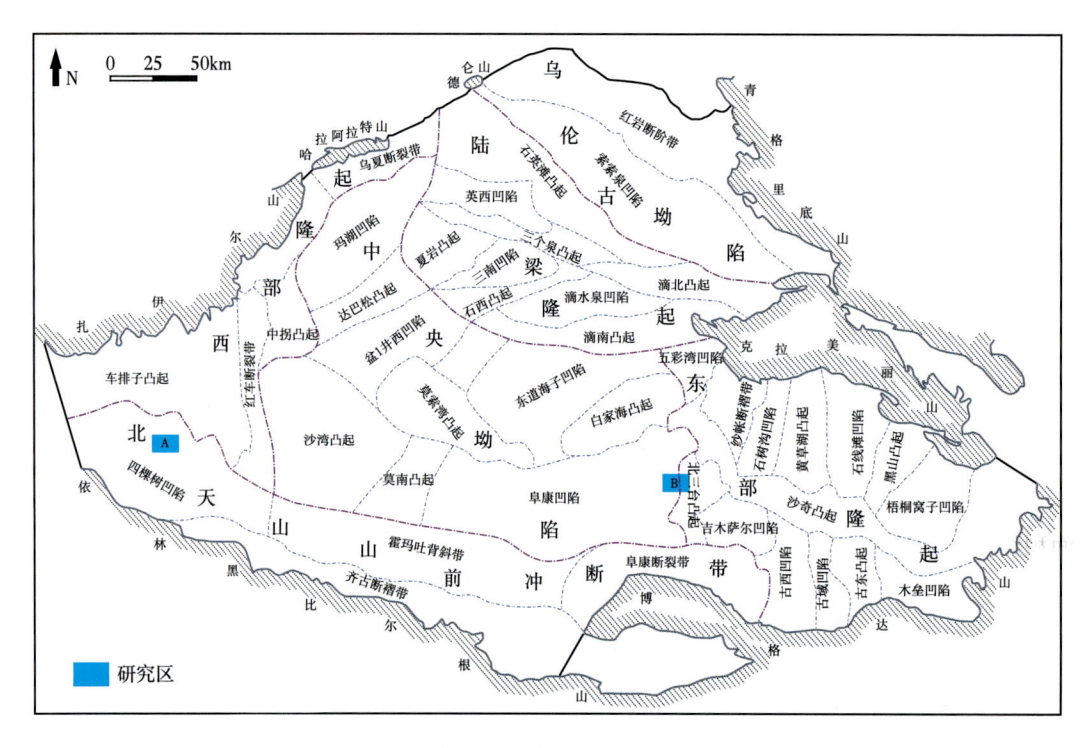

图 2-12 准噶尔盆地构造分区及研究区位置图

底图由中国石油新疆油田分公司勘探开发研究院提供，笔者在底图基础上标注了研究区位置

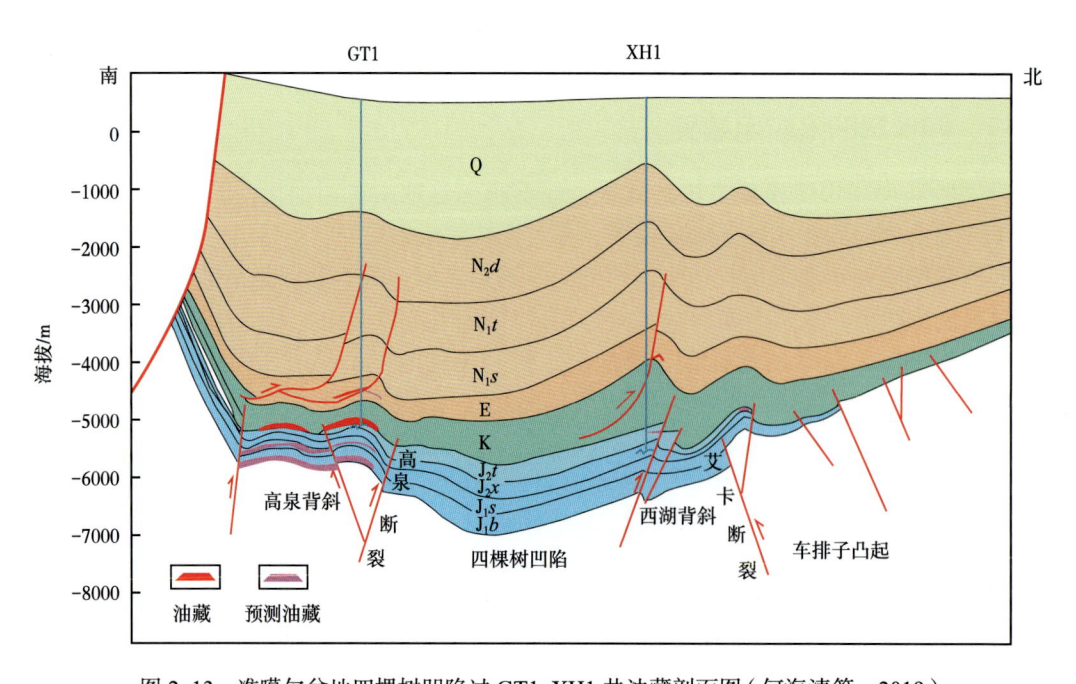

图 2-13 准噶尔盆地四棵树凹陷过 GT1-XH1 井油藏剖面图（何海清等，2019）

为了更准确地评价高泉东背斜圈闭及 GT1 井的含油气性及可能的流体性质，在开展常规实验室培养法检测的同时，还采用了微生物现场快速检测（Microbial Quick Screen，简称 MQS）技术。该技术分两个阶段实施，第一阶段布设 MQS 交叉测线，长度约 46km，点间距为 250m，对圈闭含油气性进行初探（图 2-14）；第二阶段针对 MQS 技术识别的微生物异常区加密微生物均匀网格，网格测点间距为 500m（丁力等，2021），并开展实验室检测分析，落实微生物有利区及其分布范围。如现场检测无微生物异常则不开展第二阶段样品采集。

MQS 异常值与背景值的界限（门槛值）是根据样品在 14~22h 的显色情况来决定，按照显色变化值由高到低划分为红色、橙色、黄色、绿色和蓝色。与培养法的评价方法一样，红色、橙色、黄色代表超高异常、高异常、中异常值；绿色和蓝色代表低异常和背景值。

从 MQS 成果与主力层位构造图可见（图 2-14），背斜构造上方具有较高的微生物异常强度，尤其是 GT1 井所在的构造北高点位置最为有利，指示了较好的含油气前景。随后开展了第二阶段的样品加密采集和实验室培养法检测，共采集网格化样品 256 个，覆盖面积约 65km^2。

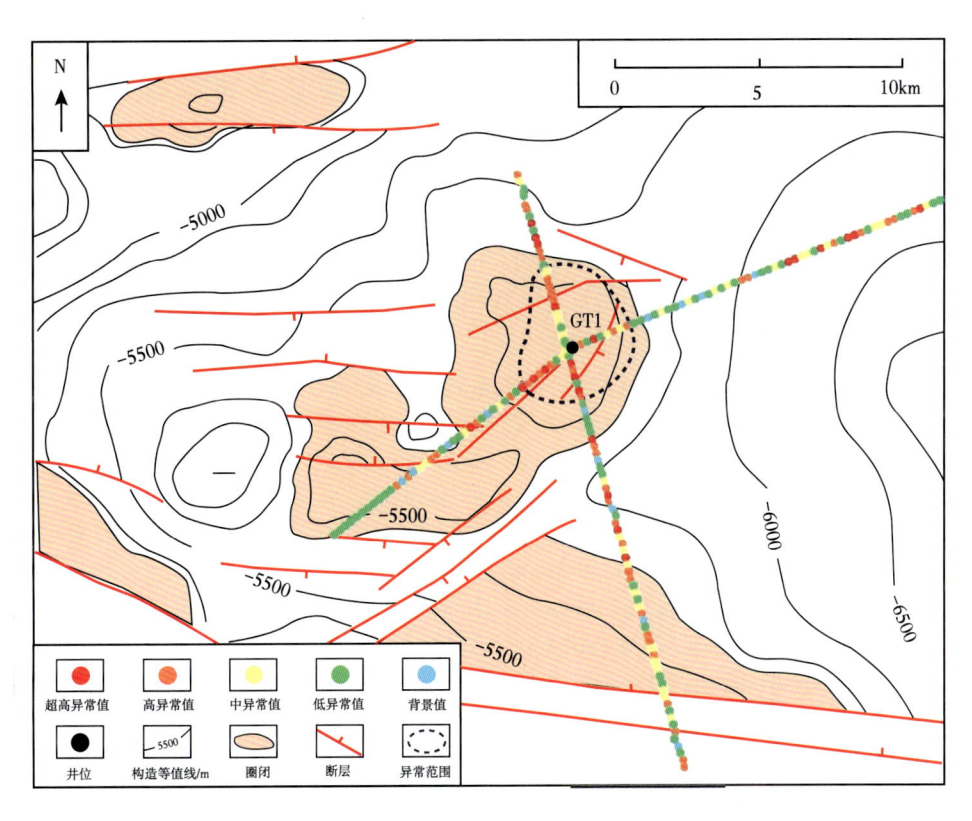

图 2-14　现场快速检测（MQS）成果与主力层位构造叠合图

通常来讲，异常值与背景值的界限（门槛值）划分方法包括数理统计、频率直方图、正演法等，综合三种方法确定出的微生物门槛值的准确性最高，但实际工作中在缺乏合适正演井的情况下，通常采用前两种方法来确定微生物门槛值。

31

1. 数理统计法

数理统计法计算异常下限值的公式为：

$$V_0 = X + KS \tag{2-1}$$

式中　V_0——微生物异常值下限，即黄色标识的异常值与绿色低异常值之间的界限值，CFU；
　　　X——微生物背景值均值，即微生物门槛值以下的值的均值，CFU；
　　　K——系数，通常选取 1.0~3.0，置信度较高；
　　　S——标准偏差。

经统计计算，研究区烃氧化菌背景均值为92CFU，标准偏差39CFU（表2-4），当 K 值取 1.5 时，数理统计异常下限值为 150CFU。

表 2-4　准噶尔盆地四棵树凹陷烃氧化菌值统计表

样品数/个	全部样品微生物值 /CFU				背景样品微生物值 /CFU	
	最大值	最小值	平均值	标准偏差	平均值	标准偏差
256	397	3	149	82	92	39

2. 频率直方图法

通过绘制微生物数据频率直方图，观察数据分布特征确定异常值与背景值的界限。在理想状态下，微生物数据背景带和异常带的频率分布均表现为正态分布特征，呈现"双峰"形态。但在实际勘探中，由于地质条件的非均质性，会导致背景值和异常值的分布有所重叠，其交叉点又称"断点"，通常可作为异常值的与背景值的界限点。观察本区微生物值频率分布特征，得到异常值与背景值的界限值为 149CFU（图 2-15）。由于研究区周边无合适的已知油气井作为正演井，因此，结合上述两种方法最终确定微生物门槛值为 149CFU（表 2-5）。

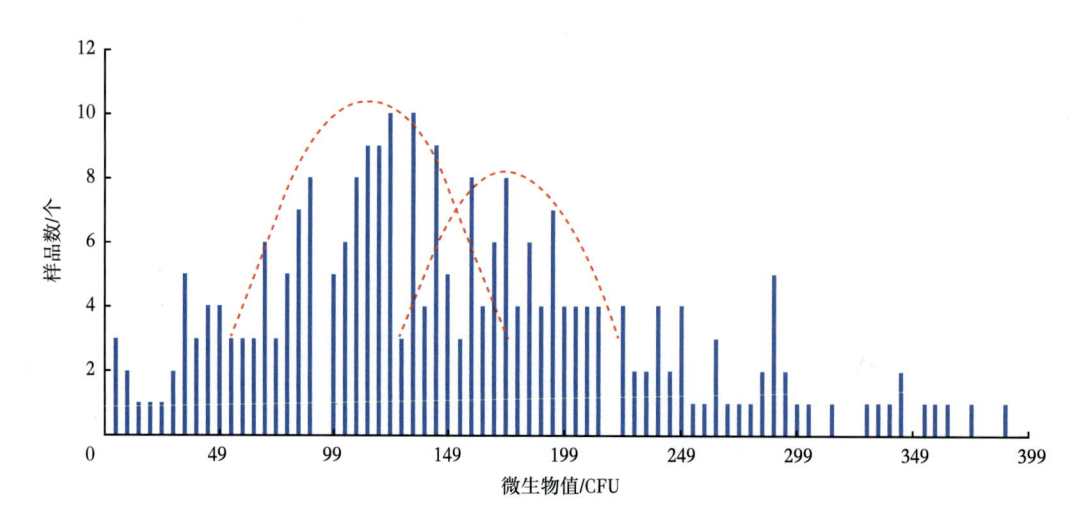

图 2-15　准噶尔盆地四棵树凹陷微生物值频率直方图

表 2-5　准噶尔盆地四棵树凹陷微生物值异常分级表

分级	超高异常（红色）	高异常（橙色）	中异常（黄色）	低异常（绿色）	背景值（蓝色）
微生物值/CFU	243~397	186~242	149~185	76~148	0~75

第二阶段实验室检测结果显示，构造主体上微生物异常明显，异常主要集中于目标背斜北高点，呈片状分布（图 2-16），与 MQS 结果相一致，证实了 GT1 井具有良好的含油气性。2019 年 GT1 井测试在白垩系清水河组获得高产油气流，日产原油 1213m³、天然气 32.17×10⁴m³，是中国石油陆上深层超深层碎屑岩储层产量最高的油井（常迈等，2007；焦保权等，2009）。

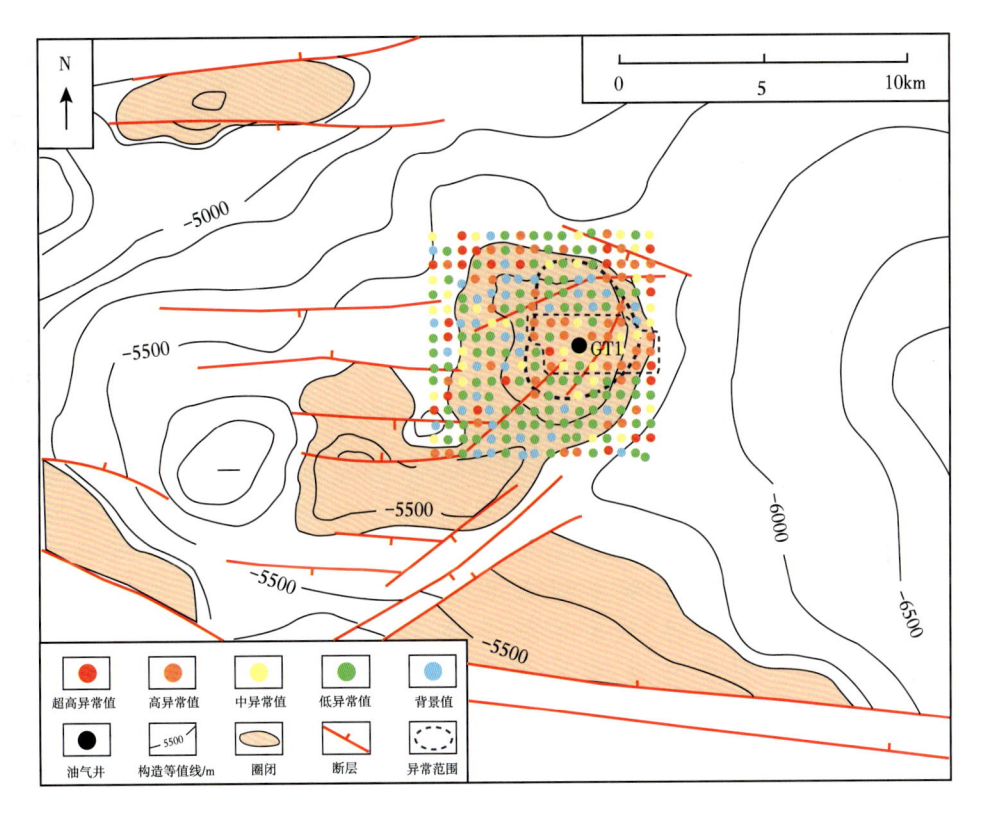

图 2-16　准噶尔盆地四棵树凹陷微生物值平面分布图

此次针对 GT1 井开展的现场快速检测试验，与实验室培养法结论一致，并获得钻探结果的验证，表明了现场快速检测方法的有效性，也展现了先采集现场快速检测测线，发现异常后再加密微生物测网的新模式，在提高油气检测效率、降低成本方面有良好的应用前景。

第四节　数据归一化技术

微生物数据受到地貌和土壤环境理化等因素的影响后，需要对其进行识别和校正才能反映地下油气信息，达到油气检测的效果。进行环境校正的目的就是要在多种复杂的环境因素影响下保证数据的一致性，使微生物数据只带有地下烃类渗漏的信息，而尽量消除地表环境的影响。

一、阜康凹陷东斜坡土壤环境因子影响的识别

本书第一章中已介绍地貌、采集深度，含盐度、pH值、含水率等地表环境因素会对烃氧化菌值造成影响。在不同的地表环境下对土壤微生物产生影响的因素也不尽相同，需要对各种因素与微生物数值进行相关性分析，识别主要影响因素。

在某些地区，土壤微生物的生长可能会受到多种环境因素的影响，这些因素对土壤微生物的影响并不是孤立存在，而是相互关联和相互作用。然而，前人针对大尺度下的多因素对微生物的影响研究较少，特别是多因素变化对土壤微生物的影响研究更是罕见（张天雪，2015）。因此，需要运用各种相关性数学分析方法，加强多因素的耦合交互作用对土壤微生物开展研究，降低单一因素对土壤微生物研究的不确定性，更全面、真实地反映环境等因素对土壤微生物的影响作用，为影响因素校正提供依据。

管崇帆等（2020），采用Pearson相关系数评价甲烷通量与环境因子的关系，研究表明甲烷通量与土壤湿度、有机碳、总氮、生物量等因素显著正相关（$P < 0.05$），相关系数分别为0.81、0.66、0.55、0.58和0.55。此外，通过卫星图片、采样现场照片等其他证据也可以辅助判别样品受到何种环境因素的影响。

本书选择在准噶尔盆地阜康凹陷东斜坡B研究区开展对烃氧化菌造成影响的环境因素识别和校正研究。B研究区东边与北三台凸起相接，其余三面均为阜康凹陷（图2-12），整体为向凹陷倾没的鼻状构造，紧邻生烃凹陷，长期处于构造高部位，是油气运移、聚集的有利地区（常迈等，2007）。地貌分为戈壁和农田，戈壁盐碱地主要位于北部，南部存在农田和戈壁交替分布的特征。共采集样品735个，点间距330m×330m。戈壁区有468个样品，农田区有267个样品（图2-17）。

土壤理化检测结果显示，戈壁区含盐度最大值35.7g/kg，最小值0，中位数17.1g/kg，平均值17.4g/kg；pH值最大值9.56，最小值6.79，中位数7.83，平均值为7.88。农田最高盐度28.7g/kg，最低盐度3.7g/kg，中位数5.1g/kg，平均值为7.2g/kg；pH值最大值9.42，最小值6.34，中位数7.40，平均值为7.50。土壤盐度和地貌相关性很高，戈壁区的土壤盐度明显高于农田（图2-17a、b），前者平均值和中位数值分别为后者的2.4倍和3.4倍。而二者pH值均偏碱性，数据特征比较接近。

通过将研究区地貌图、盐度分布图与烃氧化菌值分布图作对比分析，可见微生物的发育程度和土壤盐度及工区地貌存在着很强的相关性，北部戈壁区盐度高，微生物值整体以低值和背景值为主，南部两处条带状农田区盐度低，微生物值以异常值为主（图2-17c）。

通过SPSS对研究区开展多因素相关性矩阵研究（图2-18）。结果表明，地貌同样与盐度具有相关性，相关系数为-0.2142。而盐度与微生物值相关性最高，相关系数达到-0.2521，pH值与微生物值的相关性仅-0.0136。以上数据表明地貌和盐度是本区内对烃氧化菌值影响较明显的两个地表环境因素。

低盐度土壤的微生物发育程度明显高于戈壁高盐度土壤，区域内共有4口钻井，FD2井和FD052井为油井，FD021井和FD10井为水井，但都处于微生物背景区内，戈壁区高

盐度抑制了微生物的生长，分辨率降低，无法起到有效的油气检测效果。由矩阵相关性分析和地貌观测法共同佐证研究区对烃氧化菌产生影响的主要地表因素是地貌和含盐度，而地貌和含盐度的相关性较高。

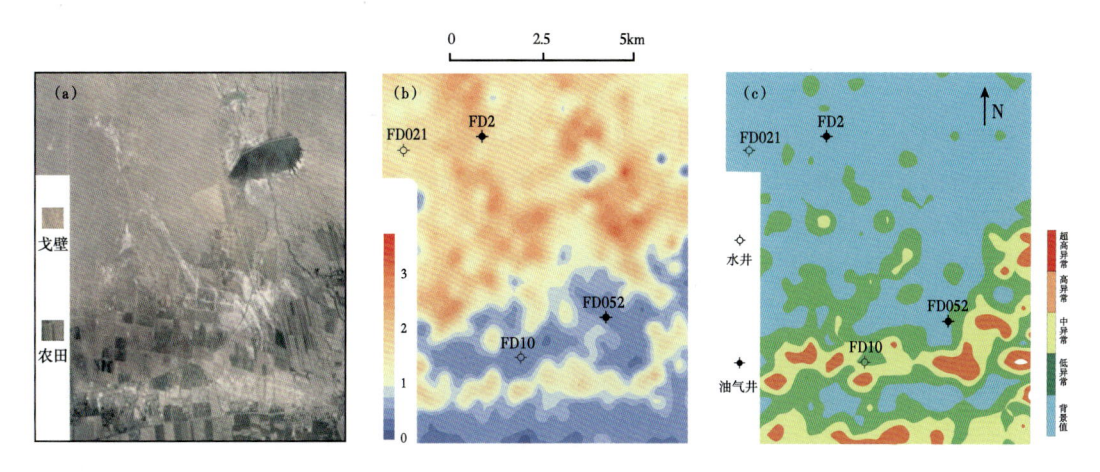

图 2-17 准噶尔盆地阜东斜坡微生物环境影响因素分析图
（a）卫星地貌图；（b）含盐度分布图；（c）原始微生物值平面分布图

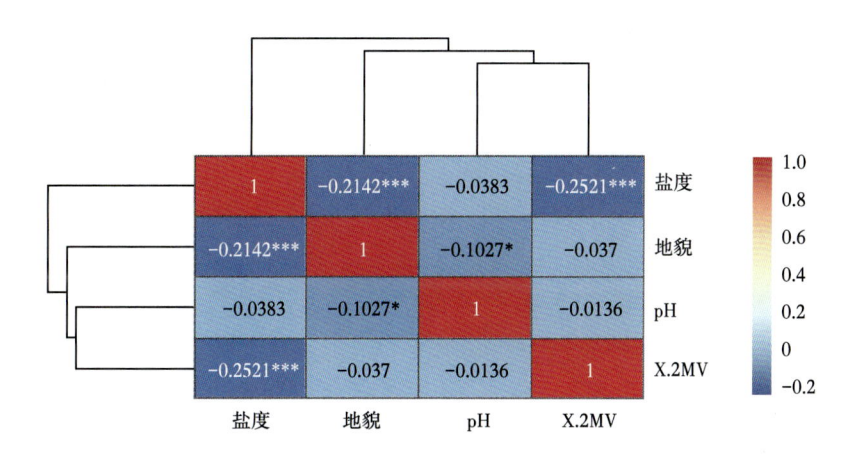

图 2-18 准噶尔盆地阜东斜坡地表环境因素影响与微生物值相关性矩阵图

二、环境影响因素的校正

环境影响因素的消除需要建立理化因素和微生物数据之间的相关性数学关系，并使用数据回归的方法将受影响的数据归一化到和正常数据一个水平。为了降低研究区地貌和土壤盐度对微生物值的影响，采用以下几个方面进行校正：

1. 选择采集低盐度样品

对部分盐度较高的点位进行偏移，采集盐度较低的样品。但是，由于研究区戈壁地貌均一，含盐度普遍较高，采用样点偏移的方法并未起到明显降低含盐度的效果。通过采集柱状样，对不同深度样品的物理化学性质进行分析和研究，将样品采集深度进行调整，有可能采集到盐度较低的样品。

2. 提高戈壁区样品的检测分辨率

本文采用的微生物平板培养法，其对微生物的计数方法是稀释平板计数法，即对在固体培养基上所形成的单个菌落进行计数，而单个菌落是由单个细胞繁殖生成，因此需要让土壤中的微生物细胞尽量分散，均匀分布，否则一个菌落就难以代表一个细胞。所以，在检测时首先将样品制成均匀的系列稀释液，通常采用梯度稀释法，如图 2-19 所示，取 1mL 原液加入 9mL 水即稀释 10 倍，再从稀释 10 倍的试管内取 1mL 与 9mL 水混和，即为稀释 100 倍，依次类推。随后，取定量的某稀释度的稀释液均匀接种到平板中。经培养后，使用计数仪对由单个细胞生长形成的菌落数量进行统计，即可得出样品中的微生物数值。通常稀释平板法以单个平板内菌落数 30~300 为最佳。如菌落数过多，则多个菌落叠置在一起，会引入误差；菌落数过少，则微生物数据分辨率会受到影响。因此，在检测时需要挑选合适的检测稀释度。

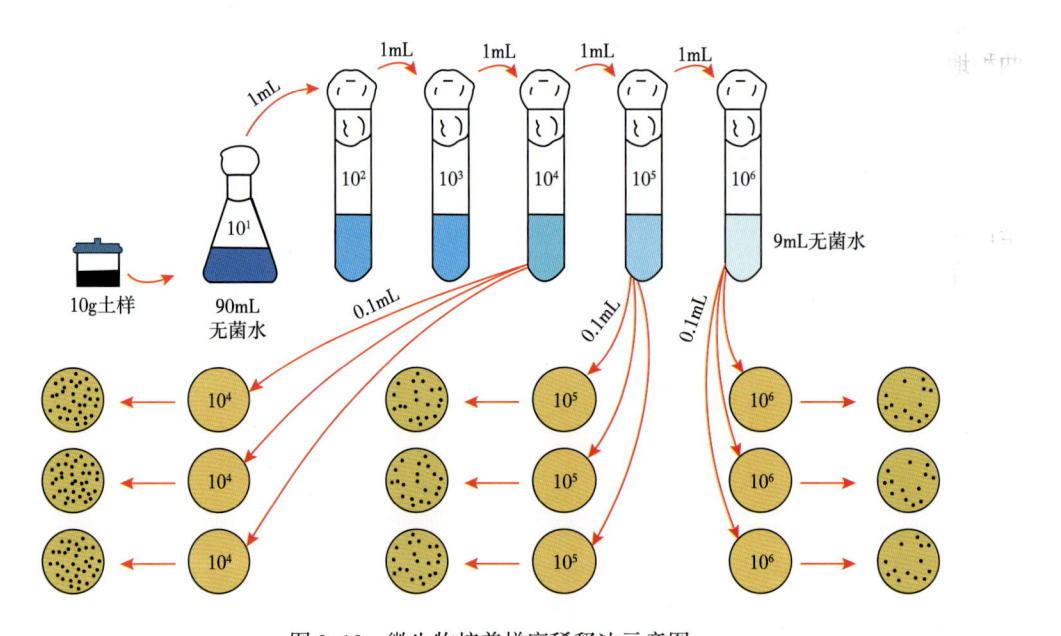

图 2-19　微生物培养梯度稀释法示意图

经过稀释度预实验分析，农田区采用 100 倍的稀释度微生物值符合 30~300CFU 的要求。但是，由于戈壁地貌的总菌量少，采用农田区相同的稀释度对戈壁样品进行稀释接种，可以检测到的菌落数量不足 30CFU，数据分辨率低。因此，本书在实验室对农田和戈壁进行分区检测。采用 100 倍稀释度对农田区进行稀释，取 1mL 稀释液进行接种和培养，检测结果指示微生物值均值 48CFU，中位值 25CFU，标准偏差 57CFU。采用 10 倍稀释度的稀释液对戈壁区样品进行稀释，取 1mL 稀释液进行接种和培养，检测结果指示微生物值均值 53CFU，中位值 20CFU，标准偏差 91CFU。戈壁区烃氧化菌数值的级别与农田区相近。通过实验室处理后，戈壁的盐度与微生物值的相关系数降为 0.08，相关性明显降低。

3. 分区处理和归一化拟合

焦保权等（2009）通过对化探数据开展分区标准化处理，结果表明该方法可以起到突出找矿信息的作用。再根据各区间的数据特征对数据开展归一化拟合,形成标准化数据。一些学者通过标准参数、特征值(平均值、中位数等)、背景值等不同方法开展了标准参数的校正研究。张琳等(2011)通过测量不同实验室条件下的参考值从而对稳定同位素数据进行标准化校正;刘大文(2004)、纪宏金等(1993)依据不同批次数据的平均值对区域地球化学数据开展了归一化处理与应用;蒋可乾(2015)通过设置对照组和实验组,根据对照组结果对实验组微生物皿培养结果进行校正;王晖等(2017)分别采用衬度返回法、均值校正法、背景法等方法对秦岭山脉中段5批次数据进行了校正对比,结果表明利用中位数校正的方法更有优势。

为了最大限度地保持各区数据的高低规律特征,在实验室对不同地貌样品采用不同稀释度检测的基础上,本书对戈壁区和农田区的样品数据门槛值分别进行了划分,门槛值的划分方法与第二章第三节相同。数据处理得出的戈壁区微生物值门槛值为30CFU,农田区微生物值门槛值为50CFU,二者门槛值系数为1.67。因此,本书选择以门槛值系数为校正系数,以数量相对较多的戈壁区门槛值为基准,将农田区微生物值数据除以1.67,将两种地貌微生物数据进行了归一化处理。

通过上述几方面的尝试,对戈壁区的数据进行了处理,之后将农田区和戈壁区微生物数据进行归一化处理,使二者微生物数据处于同一个水平。处理之后的微生物平面图基本消除了地貌和土壤盐度的影响(图2-20),使其反映出地下烃类渗漏的差异。随后,在戈壁区识别的微生物高异常带中钻探的FD052井在头屯河组获得高产工业油气流,验证了本研究区环境影响因素校正成果的有效性。

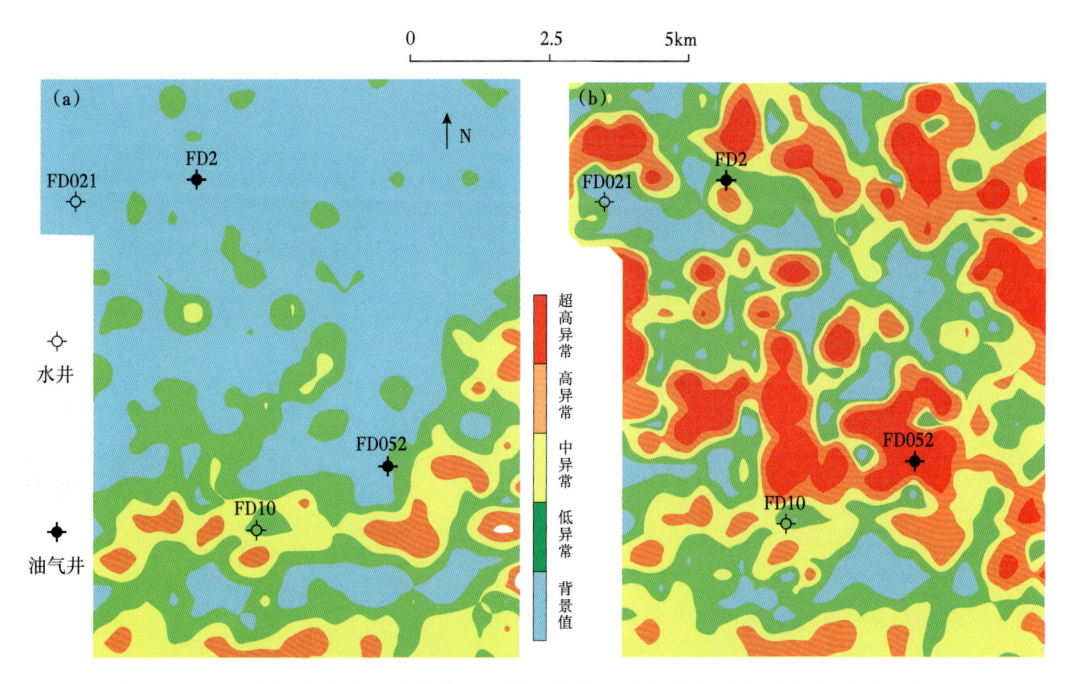

图2-20 准噶尔盆地阜东斜坡微生物值环境校正前(a)和处理后(b)平面对比图

由此总结土壤微生物受环境影响后校正的方法可考虑以下几个方面:(1)样品采集:调整采集深度或位置。在识别了某种影响因素,如盐度、含水率等,通过在现场改变采样位置或深度，采集未受到影响或受影响较小的样品。该方法适用于对微生物样品影响极大的极端地表环境，且通过调整检测方法和数据处理手段，无法显著改善的区域。如柴达木盆地盐湖地区，地表盐度过高，对微生物数据抑制作用显著，需要采集盐壳之下的样品。（2）实验检测：改变受影响样品的检测方法，提高检测分辨率，使其与未受到影响的样品处于同一级别，可做对比分析。该方法适用于受环境影响中等或较低，通过调整实验室检测方法，可以提取到更多的微生物信息，某种程度上可以消除环境对微生物数据的影响。如改变高盐度样品的检测稀释度、采用液体培养法（MPN）检测高含水率样品等。（3）数据校正：结合影响因素分析实验结果，对不同地貌样品，不同盐度、含水率、pH值区间样品进行分区校正拟合，使不同的数据体处于同一对比水平。该方法适用于地貌差异大，但无明显土壤物理化学性质影响或难以识别单一影响因素的区域。

根据样品受影响的程度和特点，几种方法可独立使用，也可组合应用。数据经过环境校正之后再使用数理统计、正演对比等方法来划分异常门槛值，可切实提高识别微生物异常带和背景带的科学性和可靠性。

第三章　地表微生物分布特征及地质影响因素研究

不同地质条件会影响轻烃微渗漏的特征，从而控制地表烃氧化菌的分布与富集程度。本章以丁烷氧化菌为研究对象，以准噶尔盆地构造、岩性、地层三类典型油气藏为例，研究其上方丁烷氧化菌的分布特征，分析丁烷氧化菌值高低和异常带分布与地质条件的关系，并结合其他地区的研究成果，总结油气藏丰度、压力、油气性质、渗漏通道、盖层等地质因素对地表丁烷氧化菌的控制作用。

第一节　典型油气藏上方微生物响应地质模型研究

微生物的响应模型不同于传统油藏地质模型。传统油藏地质模型应用多种地质资料建立模型后对未知区域进行预测，主要应用在油藏开发和储层预测方面（金强等，1995）。需将钻井分层数据、井位坐标、钻井轨迹、测井曲线、测试资料、地震解释成果等多种资料加载到数据平台上，生成多种地质图件，建立完整的基础资料和成果数据库（于金彪等，2009）。因此，油藏地质模型可发挥地质研究数字平台的作用，通过此模型能随时提取各种地质研究和油藏开发所需要的资料（张国强和于作刚，2015）。

微生物响应模型主要是建立在油气藏轻烃微渗漏概念模型基础之上，研究不同类型油气藏轻烃微渗漏特征和地表烃氧化菌的分布特征，对两者特征进行总结归纳，形成典型油气藏上方的微生物响应模型，指导合理地解释与分析未知区域的地表烃氧化菌分布特征。

按照成因类型，油气藏可分为构造、地层、岩性、水动力封闭和复合油气藏五种类型。水动力封闭类型油气藏不常见，复合油气藏类型多变，地质控制条件众多，不利于开展与微渗漏响应特征有关的研究。因此，本书以较为常见、地质因素相对单一的简单油气藏入手，从构造油气藏、地层油气藏和岩性油气藏中各选取一种具有普遍性和代表性的类型作为研究对象。选择在准噶尔盆地西北缘四棵树凹陷开展构造油气藏上方烃氧化菌分布响应模型研究，在东部阜康凹陷东斜坡开展岩性、地层油气藏上方烃氧化菌分布响应模型研究。

一、构造油气藏

构造油气藏指聚集了油气的构造圈闭（韩宝中，2010），以背斜油气藏、断层油气藏最为常见（赵靖舟等，2016）。本书选取准噶尔盆地南缘四棵树凹陷的高泉东背斜圈闭，开展构造油气藏上方微生物响应特征的研究工作，研究区概况详见第二章。

本章基于第一阶段快速检测的数据，在第二阶段采用均匀网格式采样方式，点间距500m×500m，共采集MOST样品256站。微生物检测数据及处理过程详见第二章。检测结果指示在高泉东构造北部圈闭的高部位，即 GT1 井位置，以微生物高异常值和超高异常值为主（图 3-1）。

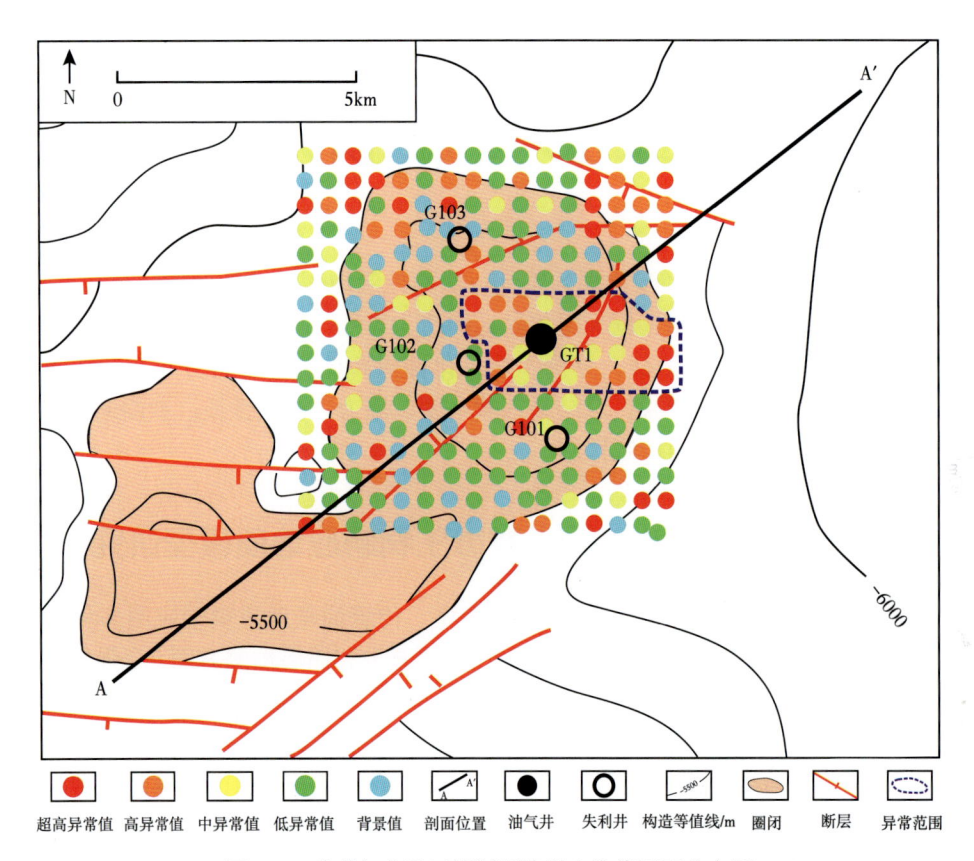

图 3-1　准噶尔盆地四棵树凹陷微生物值平面分布图

异常区面积约 8km²，样品数为 32 个，微生物均值 209CFU，远高于微生物门槛值 149CFU，异常值占比 91%，指示北部圈闭高点位置具有较高的轻烃微渗漏强度。在北部圈闭内（构造线 5500m 以内），微生物异常区之外的范围内，微生物均值 124CFU，微生物中异常值以上数占比仅为 28%，指示北部圈闭并非整体含油气，构造低部位微生物值以低值和背景值为主，具有较大的勘探风险。

将微生物成果与地震剖面叠合可见，微生物异常区主要位于背斜目标的北高点，平面分布连续，异常强度高，形态呈团块状，与背斜核部范围吻合较好，GT1 井位于微生物异常带的中部位置，指示了较好的含油气前景（图 3-2）。

GT1 井钻探获得高产工业油气流，钻后分析认为 GT1 井油藏为层状、背斜油藏，油压 88.25MPa，清水河组测井解释孔隙度为 18%，油气丰度高（常迈等，2007）。南缘白垩系吐谷鲁群发育厚度 500~2000m 的泥岩，是区域性盖层（焦保权等，2009），GT1 井吐谷鲁群压力系数达到了 2.2，具有很好的封盖能力（卓勤功等，2020）。

随后在该构造低部位钻探的 3 口评价井 G101 井、G102 井和 G103 井，均位于微生物低值背景区（图 3-3），钻探均未达到预期效果。其中 G101 井和 G103 井未获得油气发现，仅 G102 井在清水河组测试日产油 1.21t，累计产量 11.55t，地层压力系数 2.31，原油密度 0.8471g/cm³。G102 井与 GT1 井同处于异常高压区，为正常稀油，地质因素相似，但钻探仅见少量油，表明研究区油气丰度（单位沉积岩面积的油气资源量，本书对某位置的油气丰度以钻井各油气层测试产量之和表示）的分布可能受构造高点的控制。

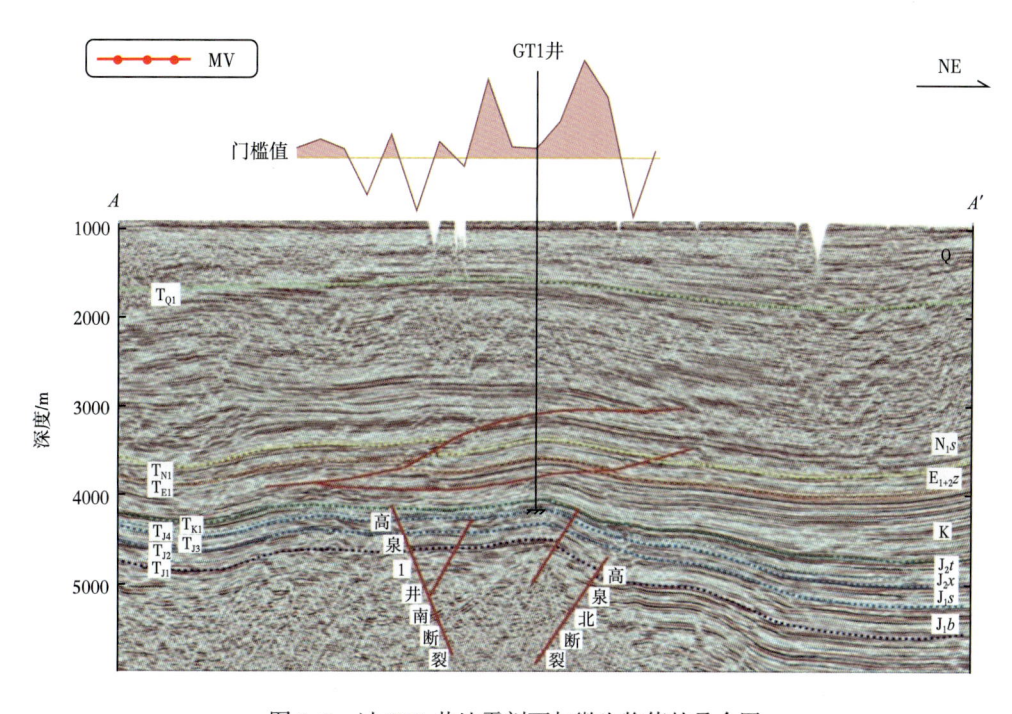

图 3-2　过 GT1 井地震剖面与微生物值的叠合图

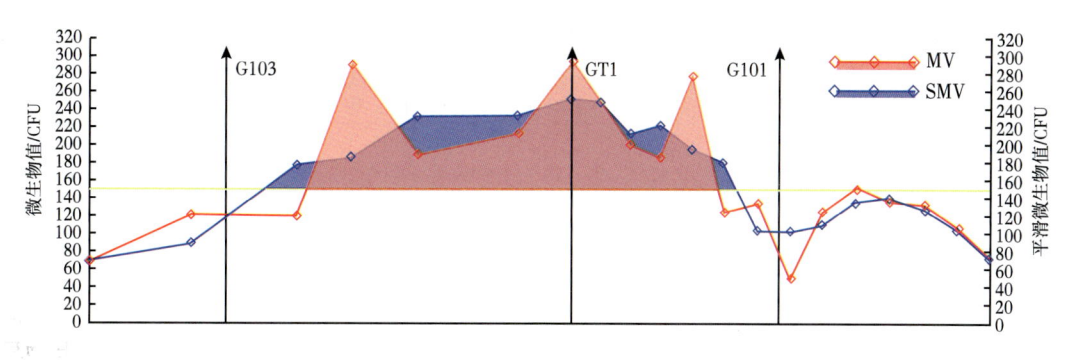

图 3-3　过 G103 井、GT1 井、G101 井的连井微生物剖面图

因此，在分析准噶尔盆地四棵树凹陷地质规律和微生物油气检测成果的基础上，本书总结了典型背斜类型构造油气藏微生物响应模型（图 3-4）。该模式表明，烃氧化菌分布特征与构造展布具有较好的垂直对应关系，烃氧化菌异常区主要分布于构造主体，表现为异常值连续分布，异常比例高，形态呈团块状，与构造高点对应良好，钻探结果也证实下伏地层富集油气；而在构造外围或低部位上方，烃氧化菌值为低值或背景值，钻探结果证实油气潜力差。背斜油气藏上方微生物响应模型符合轻烃微渗漏基本特征。通过该研究还证

实以下几点：（1）5000m 以上埋深的油气藏，通过微生物油气检测方法仍可以在地表检测到烃氧化菌；（2）虽然 500~2000m 深处存在较好的泥岩盖层，轻烃微渗漏仍可以发生，并被检测到；（3）烃氧化菌异常区和背景区的分布主要受油气丰度的控制。

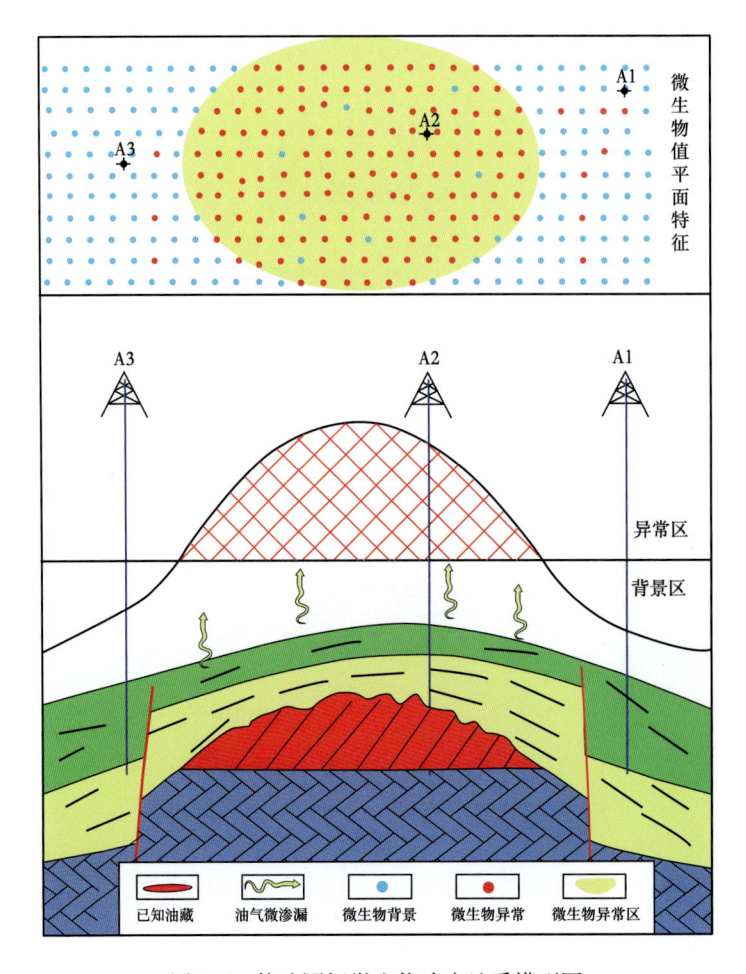

图 3-4　构造圈闭微生物响应地质模型图

二、岩性油气藏

岩性圈闭指储层岩性变化所形成的圈闭，其中存在油气聚集，即为岩性油气藏。岩性油气藏主要分为储层（砂岩和碳酸盐岩）上倾尖灭油气藏和透镜状岩性油气藏（陶士振等，2016）。

选取准噶尔盆地东部阜康凹陷东斜坡开展岩性油气藏、地层不整合油气藏轻烃微渗漏特征研究。阜康凹陷东斜坡油气储集岩为陆源碎屑岩，以河流相河道砂体、滨浅湖相滩坝砂体、三角洲平原分流河道、三角洲前缘水下分流河道、河口沙坝等多种类型砂体为主。多年来以侏罗系石树沟群（$J_{2-3}sh$）河道砂体为重点的岩性勘探目标。石树沟群自下向上又可分为头屯河组（J_2t）、齐古组（J_3q）和喀拉扎组（J_3k）（图 3-5）。其中，头屯河组为最主要的产油气层。

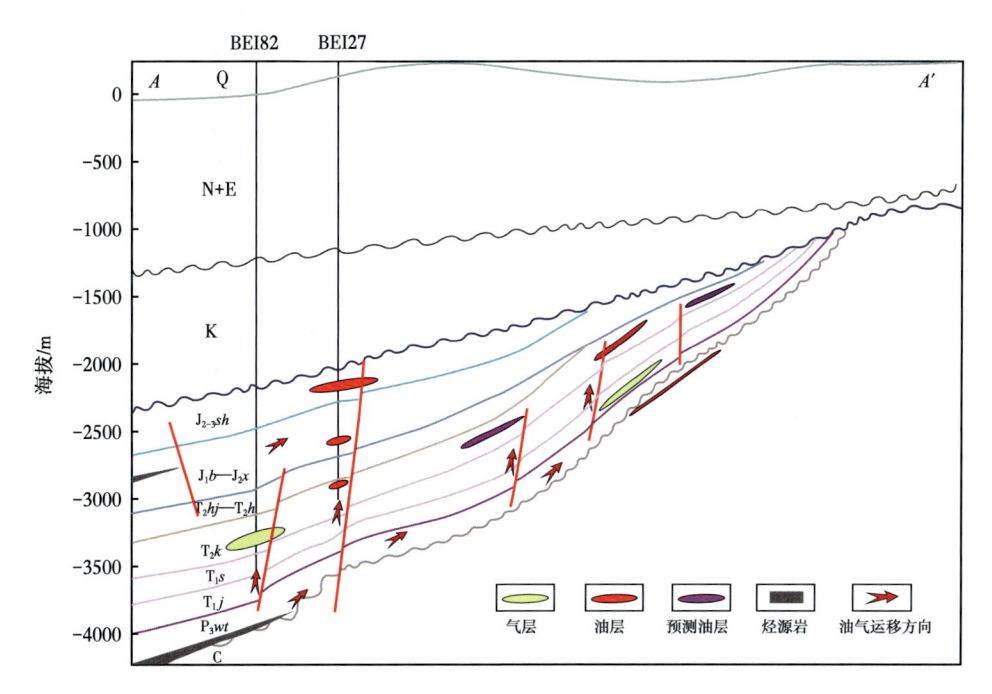

图 3-5　阜康凹陷东斜坡油藏剖面图

图片来源于中国石油新疆油田勘探开发研究院，剖面位置见图 3-6

前期已有 FD2 井、FD5 井和 FD8 井在头屯河组获得工业油气发现，展现出头屯河组良好的油气勘探前景，但在 FD2 井和 FD5 井相距不足 2km 的位置，随后钻探的 2 口评价井 FD021 井和 FD051 井，分别位于岩性圈闭的高部位和低部位（图 3-6），均以出水为主，仅见少量油气。表明研究区岩性圈闭的内部流体分布规律十分复杂。

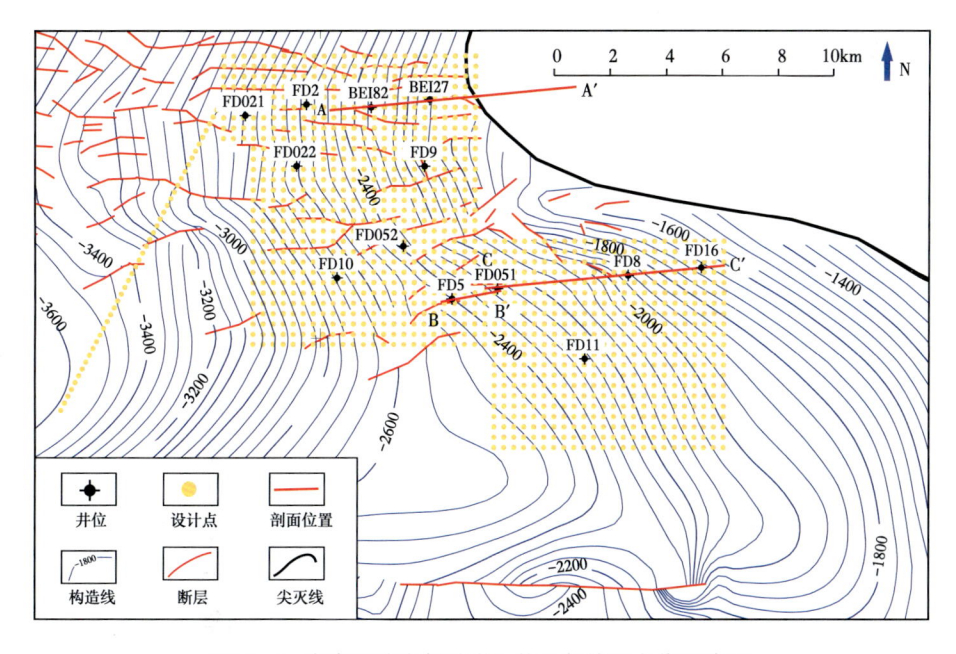

图 3-6　阜康凹陷东斜坡微生物油气检测点位设计图

本研究采用了均匀网格式的布样方式,覆盖面积为131.5km², 网格密度为330m×330m(图3-6),共采集 MOST 样品1351个。采用研究区 A 四棵树凹陷相同的数据处理方法,将研究区 B 阜康凹陷东斜坡烃氧化菌门槛值定为30CFU(表3-1)。由于2个研究区的检测工作相隔数年,检测方法有所差异,所以烃氧化菌值绝对值差别较大,不建议将2个区的烃氧化菌值作直接对比。

表3-1 阜康凹陷东斜坡烃氧化菌值分级表

微生物值数据特征	样品数量/个	全部微生物值 最大值/最小值	全部微生物值 平均值/标准偏差	背景微生物值 平均值/标准偏差	门槛值/CFU
	1351	311/0	43/52	15/12	30
微生物值分级	超高异常(红色)	高异常(橙色)	中异常(黄色)	低异常(绿色)	无异常(蓝色)
	85~331	51~84	30~50	12~29	0~11

依据微生物油气平面检测结果(图3-7),在研究区内共划分出3个不规则条带状有利区带,分别是FD2井区带、FD5井区带和FD8井区带。有利带总体呈北西—南东向展布,与头屯河组构造线走向一致,初步分析认为头屯河组岩性圈闭可能具有较好的油气富集前景。在已钻探的油气井FD2、FD5和FD8上方均检测到微生物异常高值,而2口水井FD021和FD051上方则为微生物低值和背景值,微生物油气预检测结果与5口已知井钻探结果基本吻合。

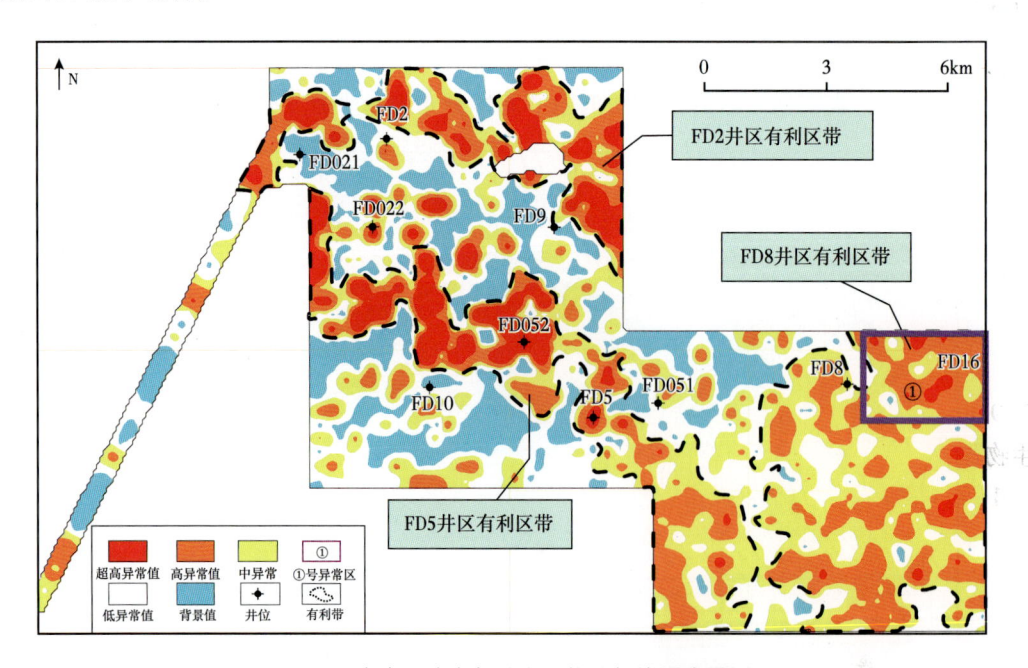

图3-7 阜康凹陷东斜坡微生物油气检测成果图

其中,FD051井和FD5井虽然相隔不足2km,却出现不同的微生物异常响应特征。FD051井上方微生物均值为22CFU(以井位为中心取9点平均值),低于门槛值;FD5井上方微生物均值为48CFU，高于门槛值。基于2010年老三维地震资料解释成果，FD051井和FD5井为同一套砂体，前者位于构造高部位，后者位于构造低部位，但却出现了构造高部位出水、低部位出油的情况，油水关系倒置，不符合石油地质规律。

2016年，研究区采集了高精度三维数据，新三维资料指示FD051井与FD5井不属于同一岩性圈闭，FD5井钻探目标是位置较低的头屯河组透镜体岩性油气藏，FD051井钻探目标是上倾方向头屯河组的另一套砂体的低部位（图3-8）。2口井分别钻遇不同的岩性圈闭，因此出现高部位出水低部位出油气的现象。FD5井上方微生物均值高，钻探后为油气井，也表明透镜体岩性油气藏上方的轻烃微渗漏方向是近垂直的，烃氧化菌的分布特征受油气丰度的控制。

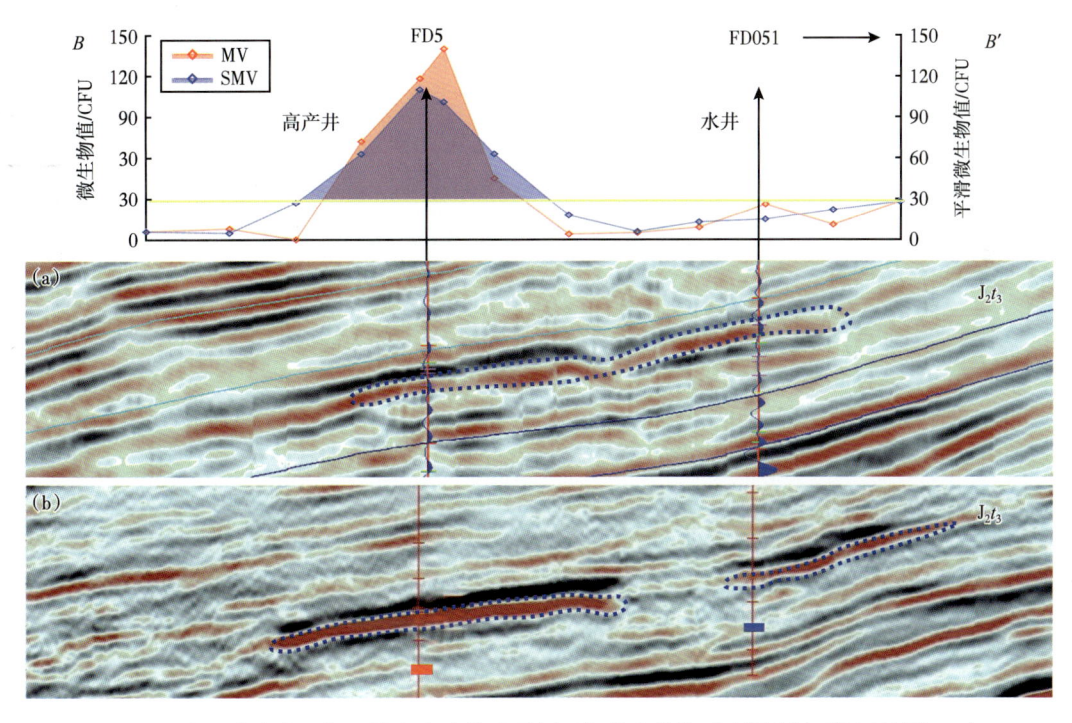

图3-8 老三维（a）和新三维（b）连井地震剖面与微生物值对比图（剖面位置见图3-6）

研究区后续又钻探了FD022井、FD9井、FD10井和FD16井（图3-6和图3-7）。其中，FD9井和FD10井位于微生物低值背景值区，仅存在零星微生物异常值，钻井上方9点微生物均值分别为22CFU和19CFU，低于门槛值30CFU，钻探结果仅见少量油；FD022和FD16井位于微生物异常区内，上方9点微生物均值分别为30CFU和67CFU，高于门槛值，钻探结果为油气井。

将研究区单井原油密度、地层压力系数与上方微生物值（9点平均值）进行统计分析（表3-2），原油密度为0.74~0.94g/cm³。按照中国对稠油的分类标准，密度小于0.92g/cm³为普通稀油；密度为0.92~0.95g/cm³属于Ⅰ类普通稠油。可得出本区以正常稀油油藏为主，仅FD16井和FD10井为普通稠油。已有钻井结果显示侏罗系地层压力系数范围为1.1~1.7，多口井出油层存在异常高压。于景维等（2015）通过分析阜康凹陷东斜坡中侏罗统头屯河组异常形成机理，认为研究区产生异常高压的主要原因是燕山期构造运动，其次是沉积作用及成岩作用,油气多集中在压力封存箱的顶部成藏。异常超压是油气运移的动力,会对油气的分布产生影响(马启富等,2000),也为油气藏内发生轻烃微渗漏提供了动力。白垩系吐谷鲁群作为区域性盖层,以泥岩与砂岩叠置互层为特征,其特征决定其发育相对较均质分布的轻烃微渗漏通道,油气藏轻烃以近均质的渗漏通量运移至地表,在地表形成近均质的烃氧化菌异常分布特征。

表3-2 准噶尔盆地阜康凹陷东斜坡钻井结果与微生物值统计表

井名		压力系数	原油密度/(g/cm³)	试油结果	微生物值/CFU
显示井	FD021井	1.4604	0.8527	西山窑组累计产油0.085t	8
	FD9井	1.3605	0.8602	头屯河组日产0.8t,累计产油21.16t	22
	FD10井	—	0.9331	头屯河组日产0.009t,累计产油4.25t	19
	FD051井	—	0.8531	头屯河组出水,累计产油0.281t	22
发现井	FD2井	1.38	0.8182	头屯河组日产6.67t,累计产油118.15t	32
	FD8井	1.639	0.9115	头屯河组日产5.54t,累计产油136.98t	36
	FD5井	1.362	0.8365	头屯河组两层总计日产38.81t,累计产油865.03t	48
	FD022井	1.117	0.7488	齐古组日产19.4t,累计产油100.11t	30
	FD16井	1.289	0.9323	齐古组日产21t,累计产油746.18t;三工河组日产5t,累计产油139.53t	67

综上所述,河道砂岩岩性油气藏上方微生物异常区呈现不规则条带状分布特征,岩性油气藏目标上方烃氧化菌分布模式如图3-9所示。异常值分布的连续性较构造油气藏差,透镜体岩性油气藏上方的轻烃微渗漏方向是近垂直的,烃氧化菌的分布特征符合油气藏成藏规律,其数值高低受到油气丰度的控制。但由于地下岩性体通常为多套砂体叠置,地表烃氧化菌异常的响应特征可能是多套岩性油气藏叠合的结果,并非单一来源,所以可能会出现与地震等方法识别的单一砂体形态匹配关系不好的情况,在实际研究中要结合地震、地质等多种资料进行综合解释。

三、地层油气藏

地层圈闭指由于不整合作用导致的储层纵向沉积连续性中断而形成的圈闭,与不整合面直接接触(梁圣建和刘东,2015),地层圈闭中形成的油气藏即地层油气藏。

在研究区B阜康凹陷东斜坡东部开展地层油气藏上方烃氧化菌分布模式研究。如图3-5所示,由于受构造抬升的影响,阜康凹陷东斜坡二叠系—侏罗系由西向东逐层削蚀尖灭,在白垩系(K)不整合面之下形成一系列地层不整合圈闭(梁全胜等,2004)。研究区东部位于侏罗系石树沟群($J_{2-3}sh$)齐古组(J_3q)的尖灭线附近,可能在该层段发育地层不整合圈闭。

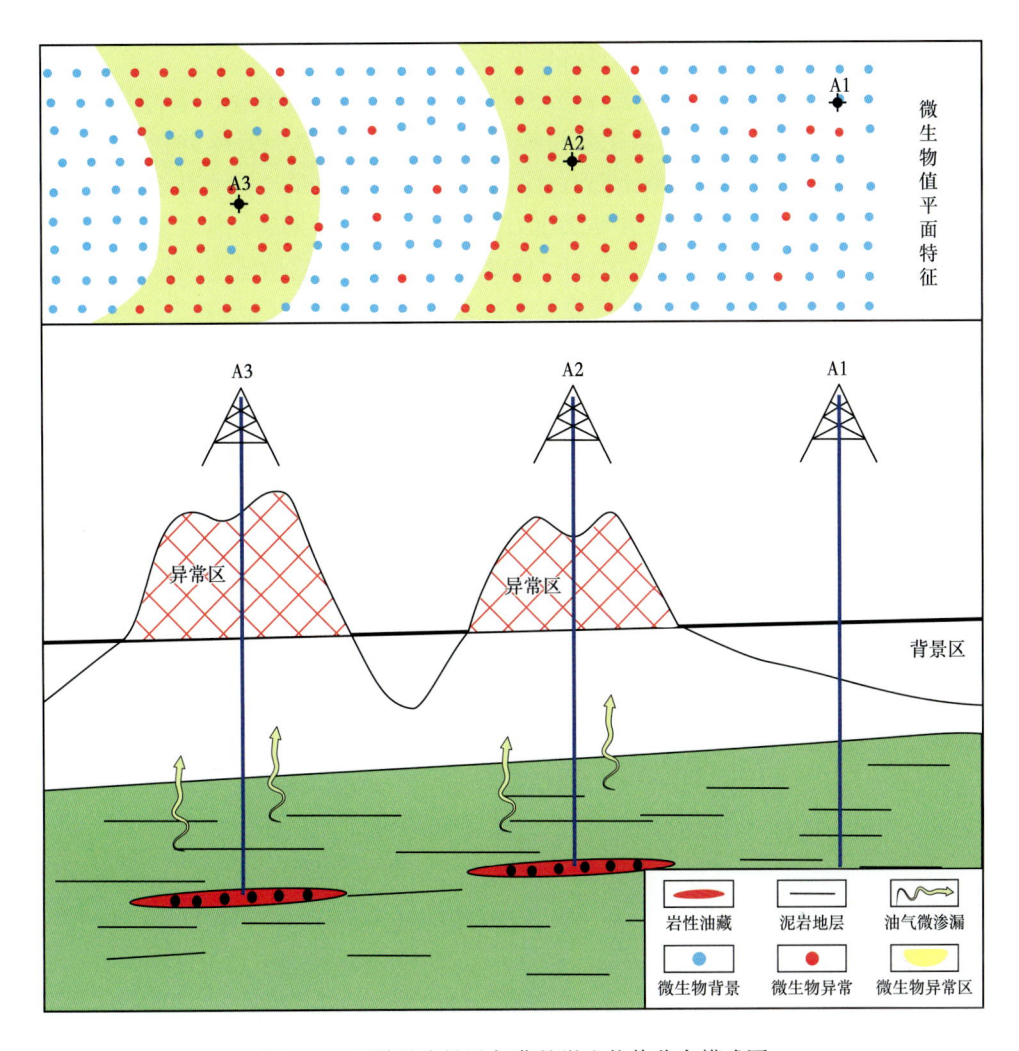

图 3-9　河道砂岩性油气藏的微生物值分布模式图

然而，齐古组地层圈闭的油气勘探存在两个难点：（1）紧邻白垩系区域不整合面，白垩系吐谷鲁群底部发育砂砾岩，封盖条件不落实。（2）齐古组沉积特征与头屯河组相似，发育三角洲前缘相的水下分流河道砂体，虽然储层良好，但为低阻特征，油水层识别难度较大，前期在该区齐古组勘探还未获得突破，勘探面临较大风险。

微生物油气检测结果显示，位于已知油气井 FD8 井东北部的①号微生物值异常区（图 3-7），是该区最有勘探潜力的目标之一，面积约 8km²，微生物值异常值 52 个，其中高—超高异常值 30 个，异常呈连片、簇状分布，由 FD8 井东侧沿构造斜坡向高部位延伸，反映较高的微渗漏强度。

由东西向地震剖面与微生物值叠合剖面 C—C′可见（图 3-10），FD8 井东部的①号微生物值异常区下伏地层中，侏罗系头屯河组并未发现明显的地震异常体，但在白垩系（K_1tg）不整合面下齐古组识别出一个显著地震异常体（α），表现为连续的强振幅波峰反射，上倾方向尖灭于 K_1tg 不整合面，下倾向 FD8 井齐古组逐渐减弱，但有一定的连续性，

47

表现为受齐古组尖灭线控制的地层不整合圈闭特征,闭合度460m,圈闭面积约6km²。在尖灭点上方的微生物值强度最高,向低部位有减弱的趋势。

通过对周缘多口井进行统计后发现,白垩系底砾岩物性普遍较差,多为干层,能起到一定的封盖作用。最终以齐古组为主要目标层钻探了FD16井,FD16井在齐古组试产获得自喷日产油21t,地层压力系数1.289,原油密度0.9323g/cm³,属于普通稠油。相比于位于构造低部位的FD8井,FD16井地层压力偏低,原油密度偏高,但产量和油气丰度更高。FD16井上方微生物值均值为67CFU,FD8井上方微生物值均值为36CFU,表明前者微渗漏强度更高,微生物值与油气藏丰度对应关系较好。

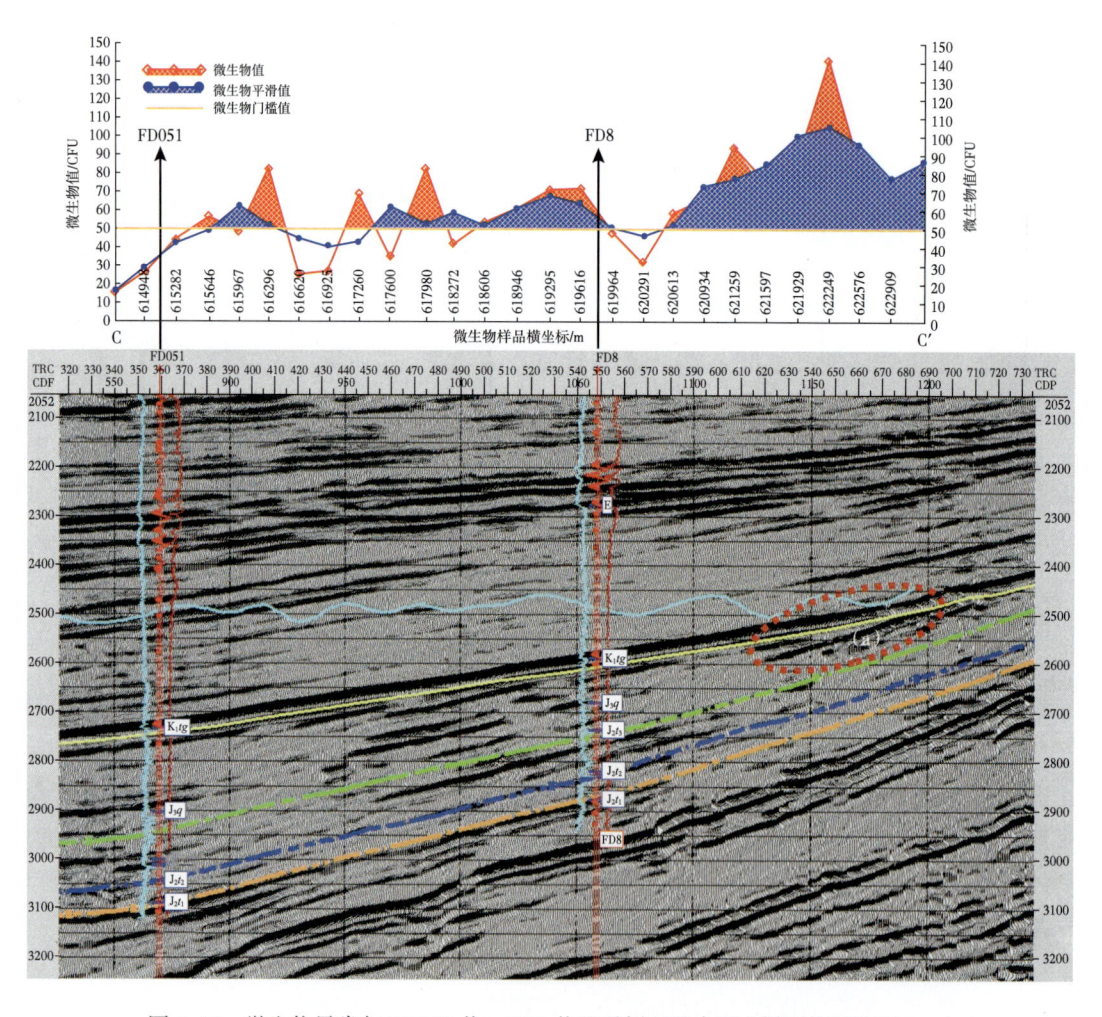

图3-10 微生物异常与FD051井—FD8井地震剖面叠合图(剖面位置见图3-6)

基于准噶尔盆地阜康凹陷东斜坡微生物检测成果,认为地层不整合油气藏微生物响应具有以下特征:在地质条件相近的局部区域内,烃氧化菌异常区的分布主要受圈闭形态和油气丰度的控制,烃氧化菌异常高值沿不整合面呈簇状、片状分布,高值主要集中于岩性尖灭位置,异常比例高,分布较均匀,在低部位异常强度有所减弱(图3-11)。该研究表明不整合地层油气藏的微渗漏特征符合轻烃微渗漏的一般规律,即轻烃沿地层向上垂向运移,在油气藏上方形成对应的烃氧化菌顶部异常,而不是沿不整合面侧向运移。但也有例外,即存在不整合面或断裂沟通地表的宏渗漏地区,需重点关注不整合面等影响,并与微渗漏特征加以区分。

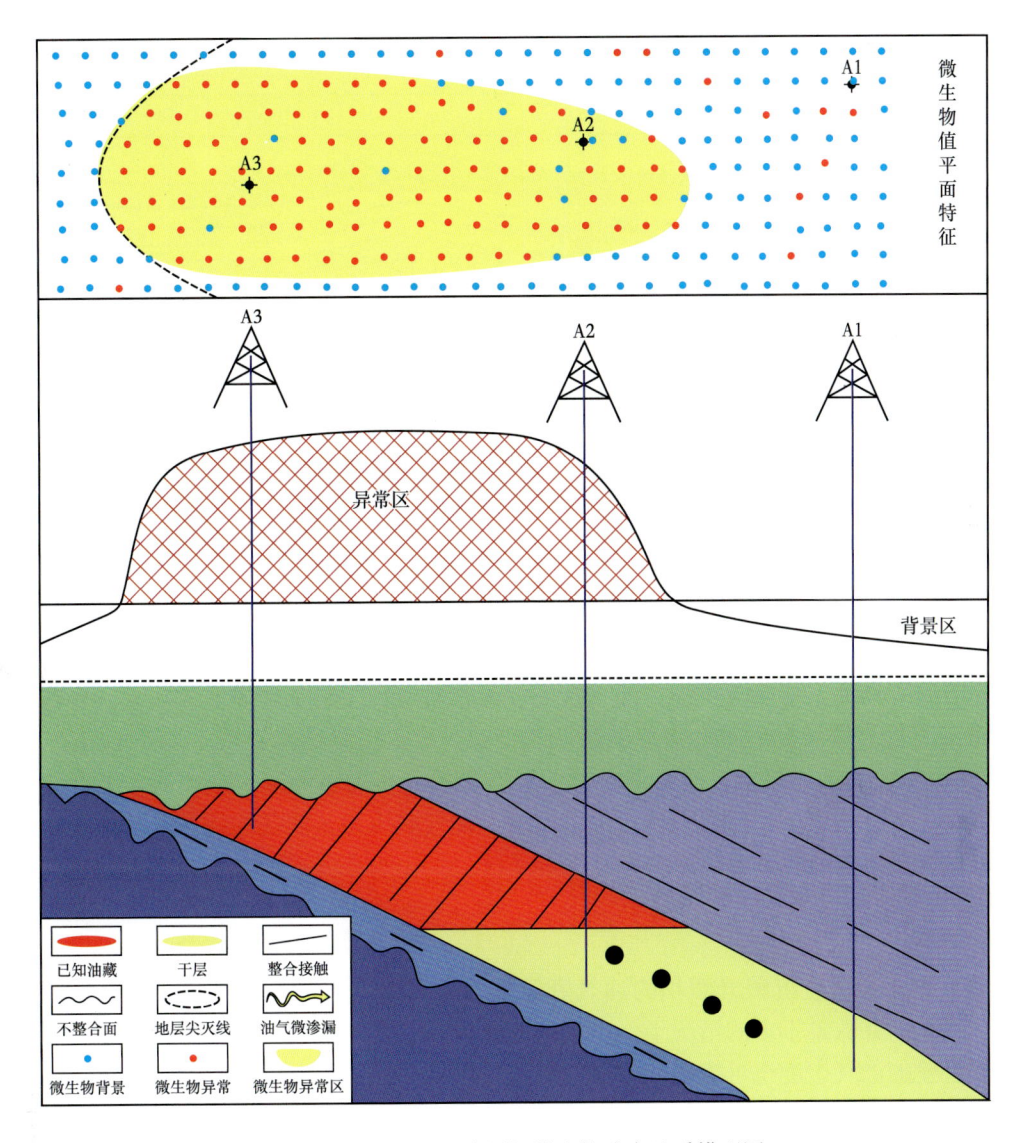

图 3-11 地层不整合圈闭微生物响应地质模型图

基于对典型构造、岩性、地层油气藏上方微生物分布特征的研究,总结油气藏上方微生物响应地质模式后认为,油气藏上方微生物异常分布特征均符合轻烃微渗漏垂向运移理论,且地表微生物异常响应特征能够直观表征地下油气藏的丰度和形态(图 3-12)。在地质条件相似的区域,油气藏的形态和丰度是决定地表烃氧化菌值高低和异常值分布特征的主要因素。在勘探过程中,通过分析地表烃氧化菌异常分布特征,可以对地下油气藏作出合理的地质解释,并对含油气目标进行检测和优选。

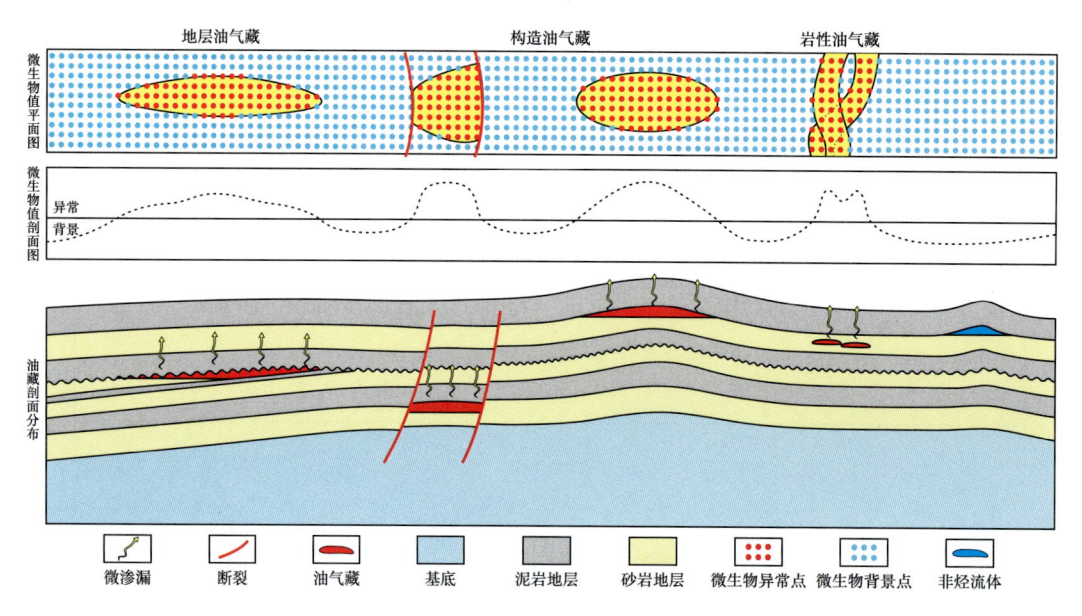

图 3-12 典型油气藏上方烃氧化菌响应地质模型

第二节　地质因素对地表微生物分布特征的影响研究

已有研究认为，油气藏压力、油气性质、运移通道和盖层条件等地质因素，会影响轻烃微渗漏通量，从而影响微生物值的高低和分布，导致检测结果出现"假阴性"或"假阳性"。本节在典型油气藏上方微渗漏特征与烃氧化菌分布关系研究的基础上，进行单一地质因素与烃氧化菌值关系研究，探讨油气丰度、油气藏压力、油气性质、渗漏通道及盖层等地质因素对丁烷氧化菌数值影响的程度和条件。

一、油气丰度

油气丰度指单位沉积岩面积的油气资源量。考虑到地质资源量属于保密数据，不易获取，且在钻井数量不多的情况下，检测地质储量往往存在较大的不确定性，另外同一油藏不同位置的油气丰度也可能存在差异，因此使用钻井试油数据来反映单位面积油气资源量。尽管钻井产量高低会受油气丰度、试油工艺等诸多因素的影响，但在试油工艺相似的情况下，单井的累积产量可以在一定程度上反映地下油气丰度。

根据准噶尔盆地南缘四棵树凹陷典型构造油气藏上方微生物响应模型，油气丰度高的构造部位上方微生物值均值（GT1 井，179CFU）明显高于油气丰度低的构造部位上方微生物值均值（G101 井，146CFU；G102 井，148CFU；G103 井，86CFU）。

准噶尔盆地东部阜康凹陷东斜坡的岩性和地层油气藏上方微生物检测结果也有类似现象，5 口油气井上方的微生物值均值均高于门槛值（30CFU），4 口显示井上方微生物值均值均低于门槛值。将 9 口钻井的试油累积产量与微生物值均值进行相关性分析，相关系数 R^2 为 0.8035，为中度显著正相关（图 3-13）。

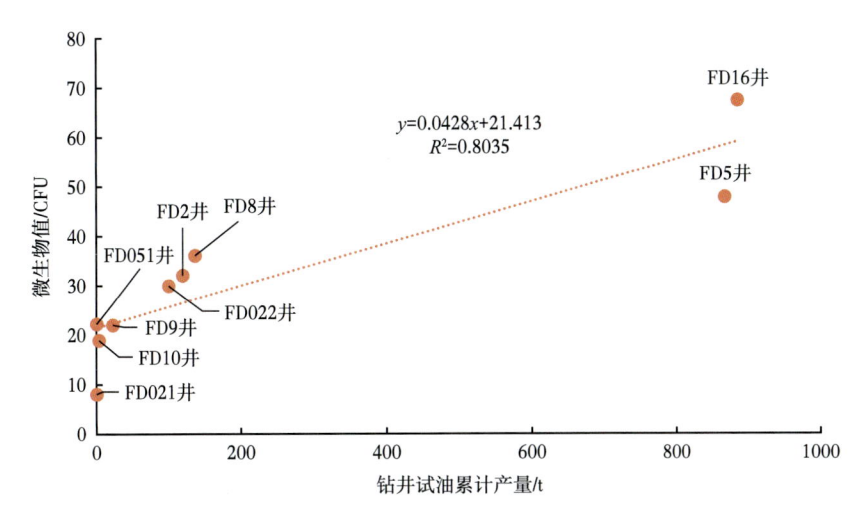

图 3-13　准噶尔盆地阜康凹陷东斜坡微生物值与钻井累计产量关系图

Hunt（1979）引用苏联的一项研究指出，在注气后数月内，一个储气藏上方 300m 的含水砂岩中的气体含量比初始值增加了 10 倍，而该砂岩中烃氧化菌的浓度也有明显的增加。张春林（2010）曾在四川盆地新都气田、四川盆地普光气田和准噶尔盆地滴北凸起开展过油气富集区和背景区上方油气指示菌数值的对比研究，结果指示各个富油气区上方的甲烷氧化菌或烃氧化菌均明显高于背景区。

以上数据说明，烃类丰度高会引起以轻烃为碳源的烃氧化菌的大量富集，一旦烃类丰度降低，烃氧化菌赖以生存的碳源食物会降低或不存在，烃氧化菌含量会迅速降低甚至在短时间内消失。因此，油气藏的丰度是控制地表微生物值分布的地质因素之一。

二、油气藏压力

轻烃微渗漏至地表的运移机制并非扩散作用、渗流作用等，其动力来源于轻烃本身的浮力及油气藏的压力（详见第一章）。柳广弟和孙明亮（2007）研究认为无论是天然气的垂向或侧向运移，剩余压力差均在其成藏动力中发挥主导作用。

为了验证油气藏压力与轻烃微渗漏通量之间的对应关系，以地层压力系数（地层原始压力与同一深度地层水静水柱压力的比值）表征油气藏压力，微生物值表征轻烃微渗漏通量，在研究区 B 阜康凹陷东斜坡二者关系开展统计分析（表 3-2，图 3-14）。

FD16 井等 5 口出油井上方微生物值均高于门槛值 30CFU，FD16 井微生物值均值最高，FD022 井微生物值均值最低。各油井地层压力系数分布在 1.1~1.7 之间，差别较大，按数值大小排序为 FD8 井＞ FD2 井＞ FD5 井＞ FD16 井＞ FD022 井。但各油井与上方微生物值均值呈离散状分布特征，并未出现明显的正相关关系，相关系数 R^2 仅为 0.0038，远低于微生物值与钻井试油产量的相关性。FD9 井、FD021 井 2 口失利井上方微生物值均值低于门槛值 30CFU，FD9 井上方微生物值为 22CFU，FD021 井上方微生物值为 8CFU，与 2 口井测试产量较吻合。然而前者压力系数却低于后者，同样未出现微生物值与压力系数正相关关系。表明油气藏的原始压力并非地表烃氧化菌数值高低的主控因素。

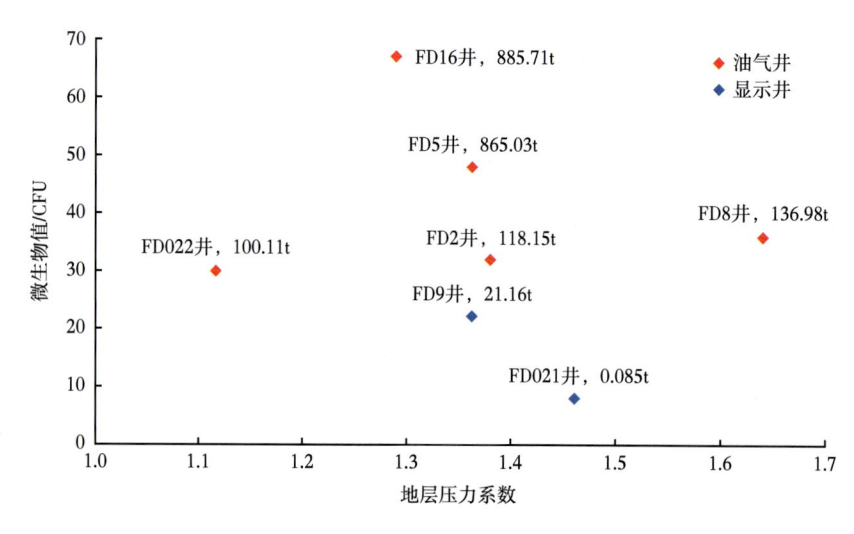

图 3-14　准噶尔盆地阜康凹陷东斜坡微生物值与地层压力系数关系图

然而，虽然在勘探阶段，地层压力与轻烃微渗漏通量之间不存在相关关系。但很多学者发现，随着油气藏投入动态开发，开发井上方的微生物值会出现动态性变化。Tucker 和 Hitzman（1994，1996）运用油气微生物勘探技术对正在开发的油区开展油藏描述，发现在开发井布设之前整体连片的块状微生物异常，在开发井投入生产之后消失了，仅在开发井之间残留部分微生物异常。Heroy（1980）则发现在得克萨斯州 Bastrop 县 Hilbig 油田二次开发中，由于地层压力恢复导致油田上方地表烃类异常强度增加。袁志华等（2001）在我国某盆地 H25 断块开展 MPOG 研究，发现油气藏投入开发后，地表微生物值特征变为背景区或不确定区，因而提出油气藏中轻烃向上发生渗漏的动力之一是油气藏的压力。而油气藏开发导致压力下降，油气藏地层压力将会向井口方向产生最大压降梯度，微渗驱动机制将由垂向转变为水平驱动，微渗漏现象消失，特别在地下储层连通性好的情况下，该现象更明显。

本书根据阜康凹陷东斜坡油气藏上方微生物响应特征的研究，结合已有观点，认为油气藏投入开发以后，在压力下降的同时，油气丰度也会下降。同样，油气藏压力的恢复（增加），通常会对油气丰度（单井的累积产量）产生提升作用，而油气丰度的变化会导致油气藏上方微生物值的变化。

因此，本文认为油气藏压力的变化会影响油气藏的丰度，从而影响油气藏上方微生物值的高低。油气藏丰度仍是主要的主控因素，油气藏压力的变化是一个间接影响因素。在应用微生物油气检测方法时，应关注油气藏投入开发后对烃氧化菌值的影响作用。在选择已知井作为正演井来划分微生物门槛值时，尽量避免选择正开发井，应选择近期未开发动用过的油气井。

三、油气性质

轻烃微渗漏运移的主体是 $C_1 \sim C_5$ 轻烃组分，无论是油藏还是气藏都会提供数量巨大的轻烃，为地表烃氧化菌的生长提供碳源。通常认为遭受严重生物降解的特殊稠油油藏，其轻烃严重缺失甚至不存在，可能会对以轻烃为碳源的地表烃氧化菌的生长造成影响，导致烃氧化菌不发育。为了研究油气性质对微生物值的影响，本书分别对稀油、普通稠油和超稠油油藏上方的微生物值特征及与油气性质的相关性进行了研究。

1. 稀油油藏和普通稠油油藏

准噶尔盆地东部阜康凹陷东斜坡各钻井原油密度范围为 0.74~0.94g/cm³，以稀油为主，仅 FD10 井和 FD16 井见稠油，详见第三章。通过将各稀油井原油密度与微生物值作相关性分析可见（图 3-15），油气井原油密度与微生物值相关系数 R^2 为 0.1446，呈现低度正相关；显示井原油密度与微生物值相关系数 R^2 为 0.2921，为弱正相关，因此无论是油气井还是显示井，原油密度与微生物值有弱—低正相关关系，相比于油气丰度与微生物值的显著正相关，原油密度不是烃氧化菌分布的主控因素。

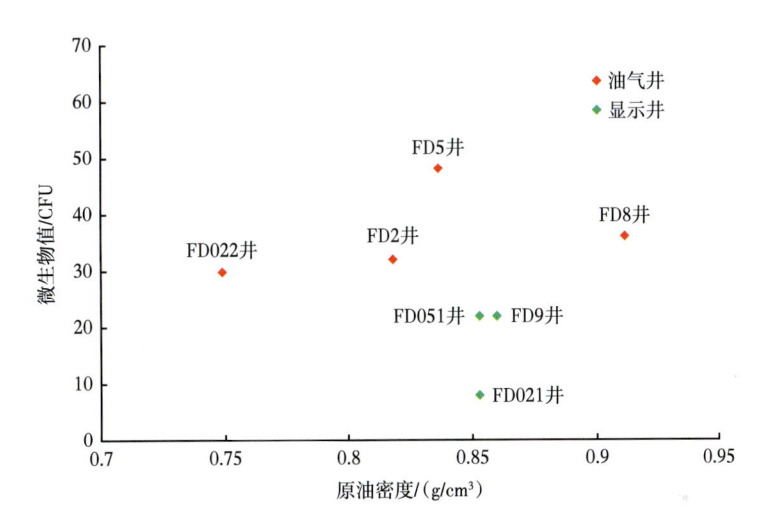

图 3-15　阜康凹陷东斜坡微生物值与钻井原油密度关系图

普通稠油井 FD8 井和 FD16 井产量均达到工业级别，其上方的微生物值分别达到 36CFU 和 67CFU，其中 FD16 井上方微生物值更是各个统计井中的最高值，超过其他稀油井上方的微生物值，也未受到稠油的影响。显示井 FD10 井同样为普通稠油井，但其上方微生物值也并未明显低于其他显示井。表明在研究区 B 的原油密度在普通稠油以下变化，并不对地表烃氧化菌的数值造成较大影响。在这种通常情况下，油气性质并非烃氧化菌分布的主要地质控制因素。

2. 超稠油油藏

选择中国典型超稠油油田渤海蓬莱 9-1 构造的微生物勘探案例，分析超稠油油藏上方的烃氧化菌特征。蓬莱 9-1 构造位于渤海湾盆地东部庙西北凸起之上，其南部为庙西南凸起，西北部和东南部分别毗邻渤东凹陷和庙西凹陷，面积约 150km²。构造位置较为有利，是油气运移的主要指向区。自下而上发育的地层依次为：元古宇（Pt）、新近系馆陶组（Ng）、明化镇组（Nm）和第四系平原组（Qp）。其中元古宇主要发育大套花岗岩；新近系馆陶组为泥岩与粉砂岩、细砂岩、中砂岩互层，底部为含砾中砂岩；明化镇组发育泥岩与细砂岩、粉砂岩互层。由于研究区新近系明下段、馆陶组主要岩性为厚层砂岩夹薄层泥岩，盖层不发育，因此原油中的轻质组分均散逸殆尽，只留下重质组分。

2000年和2009年先后钻探了蓬莱9-1-1井和蓬莱9-1-2井，均有不同程度的油气发现，展示出该区良好的勘探前景。其中，蓬莱9-1-1井在新近系馆陶组和明下段发现油层35.5m，潜山花岗岩解释油层43.6m，花岗岩潜山内部1399~1467m井段采用6.35mm油嘴测试，产油18.12m³/d，产气425.8m³/d，原油密度为0.976g/cm³。蓬莱9-1-2井在明下段894~902m、907~914m井段1层15m，日产油60.0m³，原油密度为0.9895g/cm³；馆陶组1104~1111m井段1层7m，日产油39.6m³，原油密度为0.9806g/cm³；元古宇潜山内部1281~1356m井段1层75m（裸眼），日产油31.81m³，原油密度为0.9664g/cm³。2口井原油各油层原油密度均在0.95g/cm³以上，为超稠油。

采用非均匀网格式布设方式，覆盖PL9-1构造，整体采样间隔为1km×1km，局部有利区，点间距加密为500m×500m，共采集和分析了328个MOST样品（图3-16）。

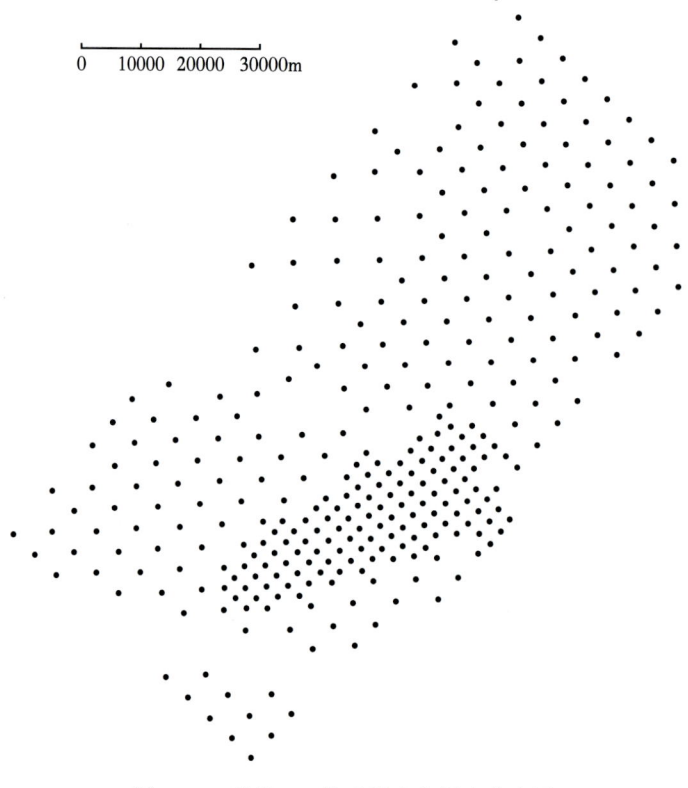

图3-16 蓬莱9-1构造微生物样点分布图

蓬莱9-1构造上方微生物值分布范围为0~51CFU，中位数4CFU，均值6CFU，标准偏差7CFU。与其他海域项目，如渤中6-1、辽西南旅大、曹妃甸南地区海底沉积物微生物值相比，蓬莱9-1构造上方微生物值整体偏低（表3-3）。分析其主要原因，系油气在运移成藏过程中发生强烈的生物降解作用，致使轻烃组分大量散失，形成原油密度超高（超过0.95g/cm³）的超稠油油藏，此类油藏的轻烃组分严重缺失或不存在，因而轻烃渗漏量非常微弱，不足以支撑海底沉积物中烃类微生物的广泛发育，导致检测出的微生物值普遍偏低。因此，针对轻烃缺失严重或完全不存在的超稠油油藏（原油密度大于 $0.95g/cm^3$），烃类微生物检测的方法分辨率大大降低甚至失效。

表 3-3　海域项目微生物值统计特征对比表

区块	庙西北凸起蓬莱 9-1	渤中凹陷 6-1	辽西南旅大 8/9 构造	曹妃甸 4-2 南
样品个数 / 个	328	219	156	105
最大值 / CFU	51	305	232	305
最小值 / CFU	0	0	5	0
平均值 / CFU	6	90	61	136
中位数 / CFU	4	87	59	138
标准偏差 / CFU	7	36	29	80

所以，当原油为稀油和Ⅰ类普通稠油时，随着原油密度的增加微生物值有增大的趋势，两者呈现弱-低度正相关关系。相比于油气丰度与微生物值的显著正相关而言，原油密度不是控制地表烃类微生物的主要因素。但当原油为超稠油时，微生物值迅速减小，烃类微生物检测方法的分辨率大大降低甚至失效。因此，当原油密度小于 $0.95g/cm^3$ 时，微生物值受原油密度的影响不大，大小主要受油气丰度控制；而当原油密度大于 $0.95g/cm^3$ 时，微生物值明显受到原油密度的影响，这是由于轻烃类物质的缺失导致微生物值显著降低甚至无法被检测到。

四、渗漏通道

对于轻烃垂直微渗漏理论，一直有学者提出质疑，但大量的实践和研究证明垂直微渗漏现象是客观存在的。王国建等（2018）在物理模拟轻烃微渗漏方面做了大量的尝试性工作，研究成果表明微裂隙是轻烃运移的重要通道。Rice（1990）发现埋深为 1700m 左右的两个产油圈闭的正上方具有轻烃异常，而这些异常并没有延伸到油田范围之外。Saunders 等（1999）在对得克萨斯州利昂县某油层深度约 2680m 的油田进行研究后，发现土壤烃和磁化率异常的侧向扩散均小于 305m。1997 年 GMT 为 SK 公司得克萨斯州棉谷生物点礁勘探实例中（Hitzman et al.，1999），侏罗系海相点礁气藏面积仅 $0.08\sim0.32km^2$，埋深为 $4300\sim5400m$，存在超压，上覆近千米厚的膏岩盖层。微生物测试结果显示，在显著微生物异常的两个点礁上获高产气流，日产量达 $42\times10^4\sim84.9\times10^4m^3$；在微生物背景区的两个点礁上，未获工业气流。对于如此小范围的岩性圈闭依然可以取得好的检测效果，再一次证实轻烃微渗漏方向是近垂直向上，而非扩散状运移。

轻烃微渗漏的运移通道是地层中广泛分布着的微米或纳米级微裂隙，在浮力和地层压力的驱动下，轻烃微渗漏的运移总体方向是垂直向上的，因而会在油气藏上方形成"顶部异常"。然而，不可否认的是，轻烃除了沿微裂隙向上发生微渗漏之外，也受不整合面、断层等地质条件的影响发生烃类的侧向运移，即"宏渗漏"，其成因模式与微渗漏模式截然不同，如图 3-17 所示。

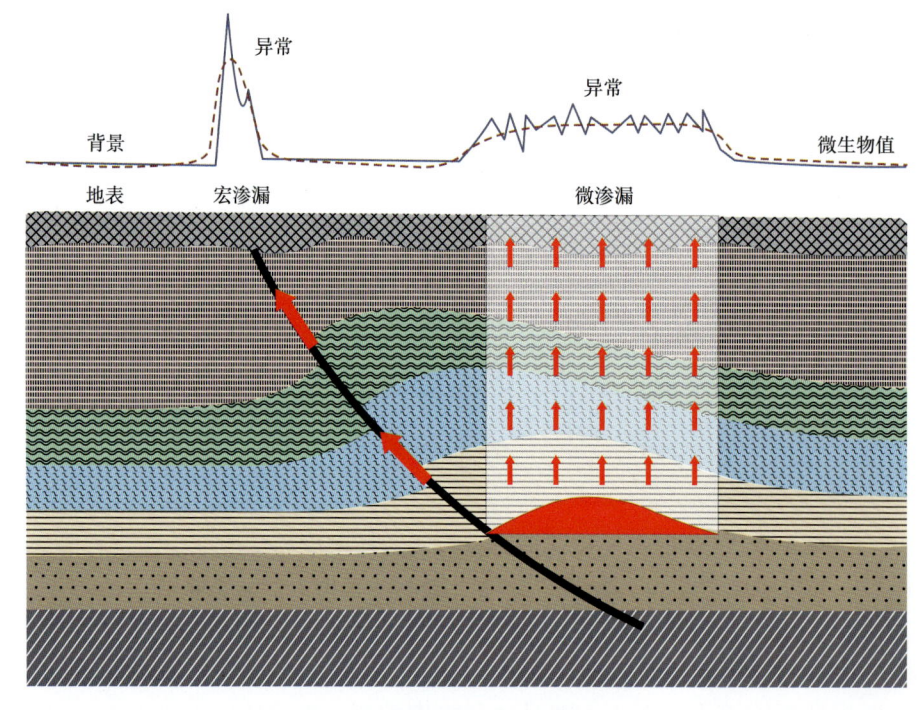

图 3-17　微渗漏与宏渗漏模式图

微渗漏的特征是烃类沿地层中广泛分布的微裂隙近垂直向上运移至地表土壤或海底沉积物中，微渗漏至表层的烃类浓度通常小于 200mL/m³，组分以 C_6 以下的低碳烷烃为主，几乎无 C_{6+} 高碳重烃，其在地表引起的烃氧化菌异常形态与地下油气藏有较好的对应关系，通常为簇状、团块状、条带状等。

宏渗漏指烃类沿着区域不整合面或活动断裂带等运移通道发生侧向运移的现象。最早观察到宏渗漏与微渗漏现象存在差异的学者是 Rosaire（1940），随后 Jones（1984）、Price（1976，1985）等人也论述过二者的区别，Abrams（2005）则进一步对微渗漏与宏渗漏给出了系统定义，认为宏渗漏指的是可视化的高浓度烃类发生流动（达西流体）的现象，除了 C_6 以下的小分子烷烃可以运移之外，重烃组分也可以运移到地表，宏渗漏烃类浓度是微渗漏的数倍，可达到 10000mL/m³ 以上，沿着断裂或不整合面等优势运移通道分布，常见如泥火山、油气苗等。

张春林等（2010）在四川镇巴县长岭—龙王沟地区开展的微生物油气检测工作中发现，大部分微生物异常区呈现块状特征，而在龙王沟断裂附近则见明显的微生物高值线状异常带（图3-18）。但仅从微生物高值线状异常很难准确判断是否为宏渗漏，还需结合地球化学指标如土壤吸附烃（SSG）来综合识别。分析线状异常和块状异常样品的酸解吸附烃浓度发现，微生物值线状异常带各样点的 C_1~C_4 浓度值均大于 1000mL/m³，而块状异常区各样点吸附烃 C_1~C_4 的浓度均小于 100mL/m³（图3-19），线状异常带吸附烃浓度远大于块状异常区，结合其线状异常的分布形态及地质上存在的断裂构造，最终判定为宏渗漏。

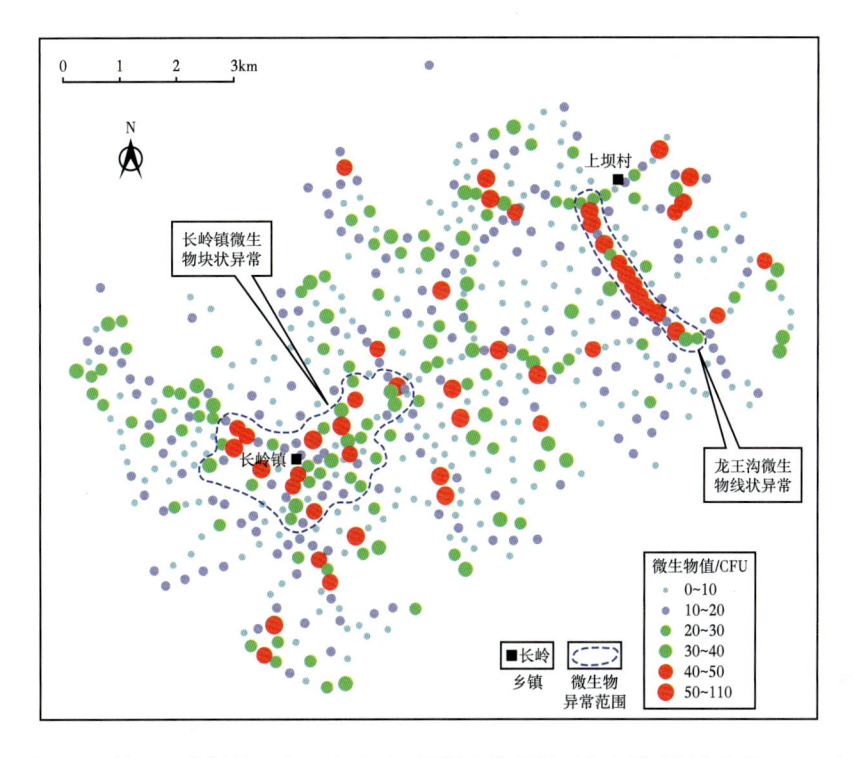

图 3-18　镇巴区块长岭—龙王沟地区土壤微生物值平面分布图（张春林等，2010）

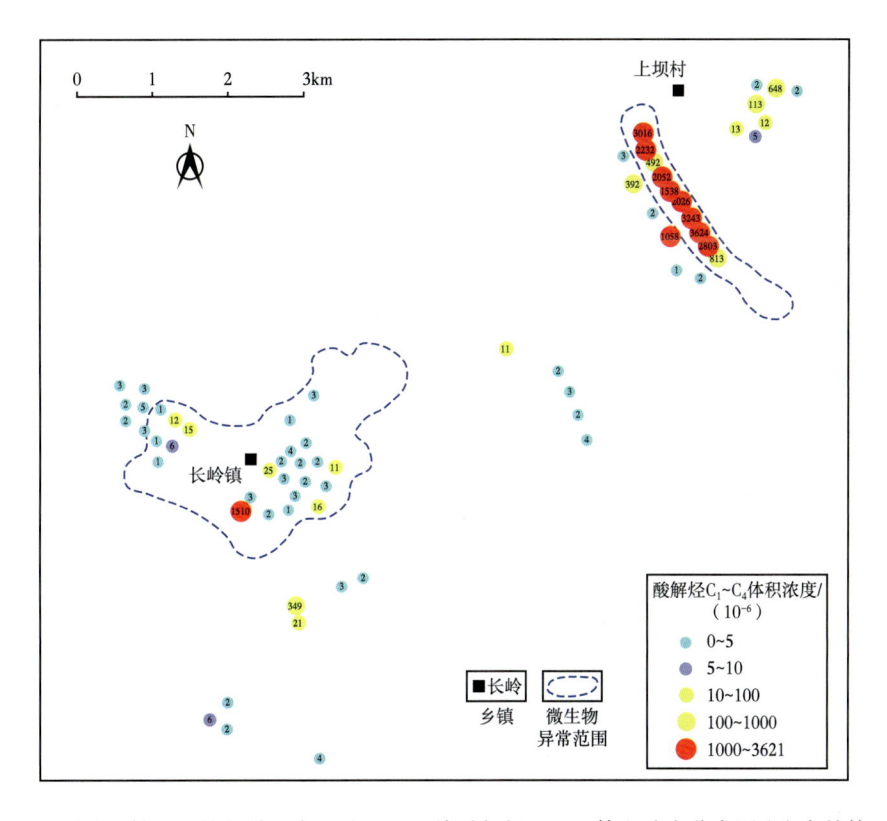

图 3-19　四川盆地镇巴区块长岭—龙王沟地区土壤酸解烃 C_1-C_4 体积浓度分布图（张春林等，2010）

所以，以微裂隙为运移通道的轻烃微渗漏，其烃类运移通量通常小于 200mL/m³，地表烃类微生物异常分布为顶部异常，主要受地下油气藏丰度和圈闭形态的控制；但以断层或不整合面为运移通道的烃类宏渗漏，其烃类运移通量通常大于 1000mL/m³，且使地表烃类微生物出现线性异常，往往指示着宏渗漏特征，需在油气检测研究中加以区分。

五、盖层条件

盖层是与储层紧连的低渗透层，可保护储层中的油气不向上逸散，按照岩性划分，盖层通常分为泥岩、页岩、蒸发岩（石膏、盐岩）和致密灰岩。虽然盖层可以对油气藏起到封堵作用，但并不意味盖层上方就不会发生轻烃的散逸现象。

Davidson（1963）和 Duchscherer（1981）开展实验证实惰性气体和氢气能通过扩散作用穿越金属和玻璃原子结构，通过这种现象得出"没有什么是绝对不可渗透的"结论，也反驳了页岩垂向无渗透率的问题，因为垂向上页岩的渗透率高于玻璃和金属，因此，烃类气体能垂直穿过页岩。Hunt（1986）指出无论地层埋深多大，节理在脆性岩层中是普遍存在的，即使在页岩和石灰岩等盖层中也广泛分布微裂隙，而微裂隙的存在，可以为轻烃的渗漏提供运移通道。在高泉东背斜微生物油气检测实例中，白垩系吐谷鲁群作为区域性盖层，发育厚度 500~2000m 的泥岩，但在地表仍能检测到明显的微生物高异常值。美国得克萨斯州棉谷生物点礁勘探实践中，点礁目标之上分布有上千米的膏岩层，但在地表土壤中仍然可以检测到烃氧化菌异常值，证实即使在封盖效果最好的膏岩层中，也分布着可供轻烃渗漏的微裂隙。

但是，前人研究也表明厚层蒸发岩的不均匀分布会对微生物检测结果带来影响，出现一些"假阴性"的情况。Beghtel 等（1987）在美国堪萨斯州开展了大范围的微生物油气检测工作，工区的西部发育厚度大于 200m 的 Wellington 组蒸发岩覆盖于主要目的层 Herington 组石灰岩之上，东部蒸发岩不发育。微生物检测结果成功检测了 13 口工业油气流井，其中有 12 口井位于蒸发岩不发育的区域；而对于位于西部蒸发岩发育区 8 口微生物检测结果不太有利的井（膏岩发育区内黑色实心圆圈标识），实际钻探结果为工业油气流井（图 3-20）。蒸发岩区微生物检测结果与实际钻探结果差别甚大，其原因主要是厚层蒸发岩的存在，导致西部地区轻烃微渗漏的强度较蒸发岩不发育的东部地区要弱，当把东部和西部地区的烃氧化菌值在一起统计时，就出现了"假阴性"的现象。

所以，轻烃可以通过泥岩、页岩、蒸发岩（石膏、盐岩）甚至致密灰岩等岩性致密的盖层运移至地表，在区域性盖层分布较均匀的地区，盖层对地表烃类异常的分布影响相对较小，地表烃类异常主要受油气丰度和圈闭形态的控制；但在致密盖层，如蒸发岩盖层发育但分布不均匀的地区，轻烃微渗漏强度会出现较大差异。

从本章节典型油气藏上方轻烃微渗漏和烃氧化菌分布特征，以及关于地质因素对微生物值影响的分析可以得出，油气藏上方微生物异常分布特征符合轻烃微渗漏垂向运移理论，地表微生物响应特征能够直观表征地下油气藏的丰度和形态。在勘探过程中，通过分析地表烃氧化菌异常分布特征，结合微生物响应地质模型，可以对微生物异常作出合理的地质解释，并对含油气目标做出检测和优选。

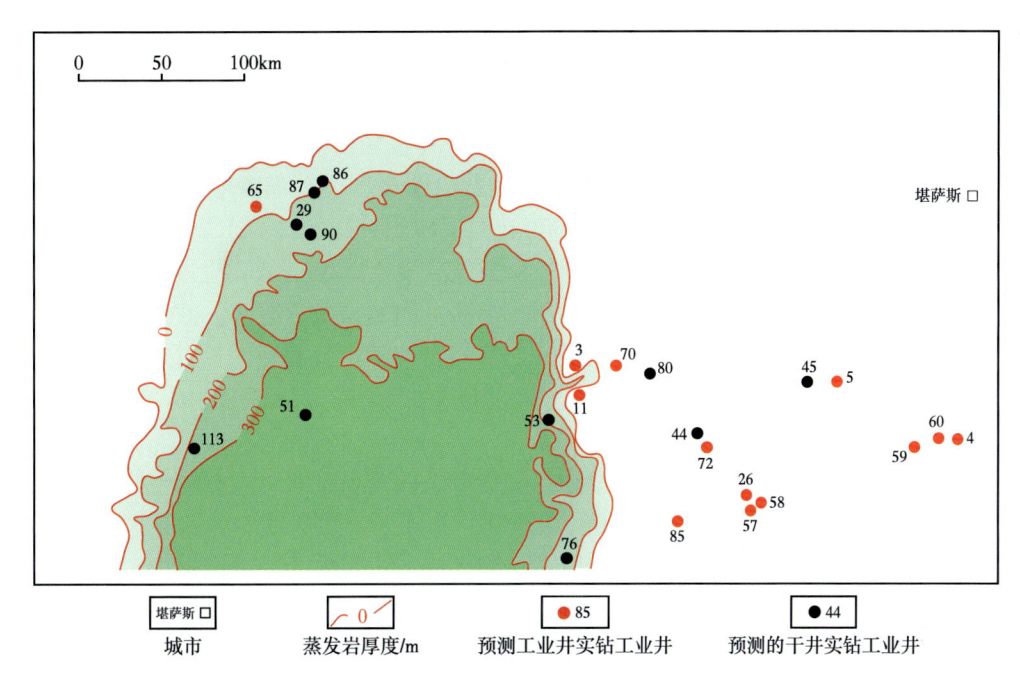

图 3-20　堪萨斯州微生物油气检测成果钻探验证图（张春林等，2010）

油气丰度是控制地表烃氧化菌异常分布的主控因素。此外，超稠油油藏、油气藏压力大幅下降或上升、致密盖层不均匀分布、烃类沿断层发生宏渗漏等特殊地质条件，也会影响轻烃渗漏的通量，进而影响地表烃氧化菌的分布。

第三节　烃氧化菌异常分布特殊形态及指示意义

油气藏上方烃氧化菌的典型分布模式均符合轻烃微渗漏垂向运移理论模型，地表烃氧化菌的异常分布形态与地下油气藏的特征有较大关联，不同的分布形态可能预示着不同的油气藏类型。但在实践研究中，除了可看到常规近均质烃氧化菌异常带（中高值呈连续片状）分布形态外，还存在特殊的烃氧化菌异常分布模式，如线状超高值异常带、高低值分散状异常带等。这些特殊的异常形态可能代表着不同的成因模式，如第三章第二节中介绍的沿龙王沟断裂分布的微生物高值异常带，酸解吸附烃 C_1 指标也会明显升高，即指示为侧向宏渗漏运移现象，而非垂向渗漏模式。因此，断裂区微生物异常带成因的判别，对油气检测研究的结果也非常重要。下文将探讨断裂发育区微生物异常带分布特征与保存条件的关系，并分析非均质微生物异常区的特征及其成因。

一、宏渗漏区微生物异常特征与油气保存条件关系

页岩气藏的发育一般形成于烃源岩纳米孔隙和微裂缝内，宏观裂缝和断层对于页岩气的成藏起破坏作用，保存条件的好坏直接影响页岩气的产量。因此，本书以四川盆地涪陵焦石坝页岩气田为例，探讨烃氧化菌的分布特征，并分析了烃氧化菌指标和土壤吸附烃指标在保存条件预测方面的作用。

1. 地质概况

研究区位于重庆市涪陵区焦石坝镇，构造上属于四川盆地东部川东隔挡式褶皱带，是万县复向斜内的一个菱形正向构造（郭彤楼和张汉荣，2014）。构造主体为焦石坝箱状断背斜，内部平缓，变形较弱，断层不发育（郭旭升等，2014）。东西北边缘被北东向和近南北向两组逆断层夹持，发育大耳山西断层、石门断层、天台场断层及吊水岩断层等北东—南西向断层；南部边缘发育北西向乌江断层（胡明等，2017；李金磊等，2019）。自2012年11月JY1井在下志留统龙马溪组试获工业油气流以来，多口钻井在上奥陶统五峰组—下志留统龙马溪组获得页岩气发现，形成涪陵页岩气国家示范区。截至2018年年底，该区已提交页岩气探明地质储量$6008×10^8m^3$，展现出涪陵焦石坝地区页岩气良好的勘探开发前景。但是，JY1井、JY5井等相同沉积相带的不同钻井，产量差异大，也反映了不同构造位置页岩气保存条件具有复杂性和差异性。

为了研究烃氧化菌指标和吸附烃指标与保存条件的关系，针对焦石坝箱状背斜主体及周缘不同构造位置，共采集测线225km，点间距500m，采集深度20~25cm，共计采集样品450站。由于研究区地势陡峭，植被茂密，测线样品主要沿公路两侧采集，避开人为扰动区。本次研究分析烃氧化菌样品和吸附烃样品各450件。

2. 样品检测

烃氧化菌样品的检测方法详见本书第二章第一节。土壤吸附烃（Soil Sorbed Gas，简称SSG）技术是经Philips石油公司改进的Horvitz吸附气技术，与常规地表地球化学勘探有所区别，表现在以下两方面：（1）SSG技术采样深度为20cm，并非常规的1m或者更深；（2）常规地表地球化学勘探主要研究土壤样品中的烃浓度，是一种定量方法，而SSG技术除了检测烃组分浓度之外，更关注轻烃内组分特征，可用$C_1/(C_2+C_3)-C_2/(C_3+C_4)$交会经验图版来判别微生物值异常带地下油气藏流体的地球化学性质，是一种定性的手段（Vonder et al.，1994）。其实验步骤包括：①称取定量土壤样品，用酸解的方式提取土壤中的气体组分，用排水集气法收集气体后用碱液去除其中的CO_2，得到高纯度C_1~C_{5+}轻烃；②对轻烃进行精度在10^{-6}级的气相色谱分析（邓国荣，2006），吸附烃气相色谱分析使用Agilent 7890A气相色谱仪，色谱柱为OV-101柱，氮气作为载气，流速为50mL/min恒流；③程序升温，80℃恒温6min，以5℃/min的升温速率升至110℃，恒温2min，汽化室温度为150℃；（3）轻烃组分定量采用外标法，在正式测定之前，测定5~7次标准气体，当标准气体甲烷相对误差不大于3%时，方可测定样品气体；（4）用1mL进样针准确抽取（500.0±0.5）μL气体注入气相色谱仪，绘制色谱图并采集数据。通过标准气体与样品轻烃色谱峰对比计算并定量样品轻烃的绝对浓度。

3. 检测结果与认识

由微生物值与研究区五峰组—龙马溪组构造叠合图看出，微生物异常展布特征与构造分布关系密切：微生物异常主要分布于箱状背斜构造内，构造外以微生物低值背景为主，但在构造的东北侧有扩边的潜力。微生物成果在研究区共识别4个主要的异常区和2个背景区（图3-21），针对这些区域开展了土壤吸附气的检测工作，检测结果见图3-22和表3-4。

对微生物与土壤吸附烃结果的相对关系及地质意义分析如下：

（1）I号异常区位于箱状背斜的核心位置，构造相对稳定，断裂分布少，变形最弱（张薇等，2005）。异常区内钻探的JY1井、JY2井、JY13-2井、JY12-1井、JY11-2井钻

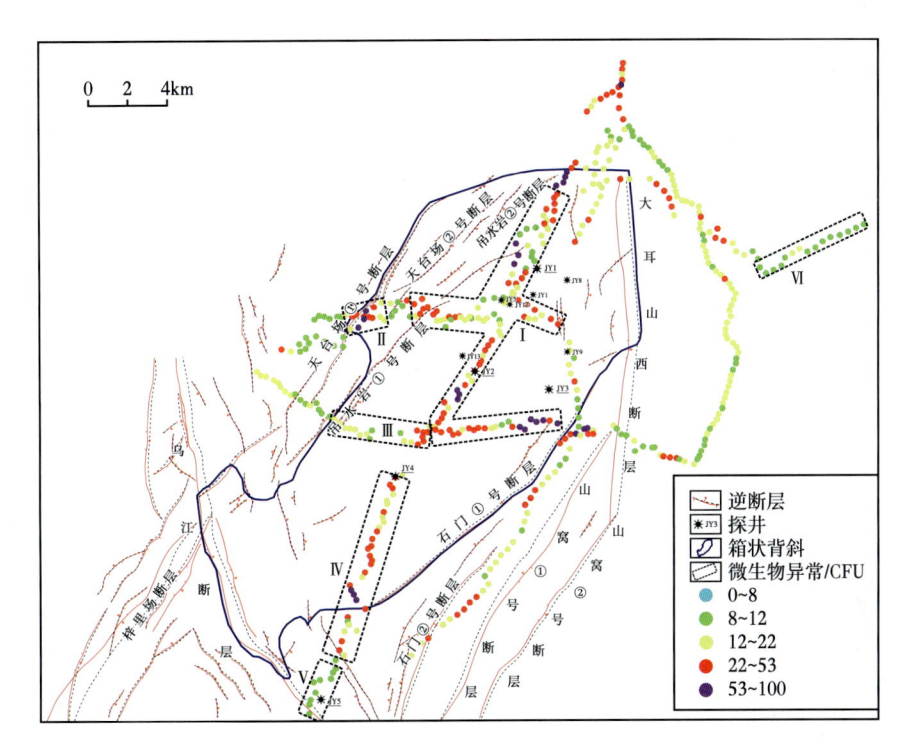

第三章 地表微生物分布特征及地质影响因素研究

图 3-21 微生物值与焦石坝五峰组—龙马溪组构造叠合图

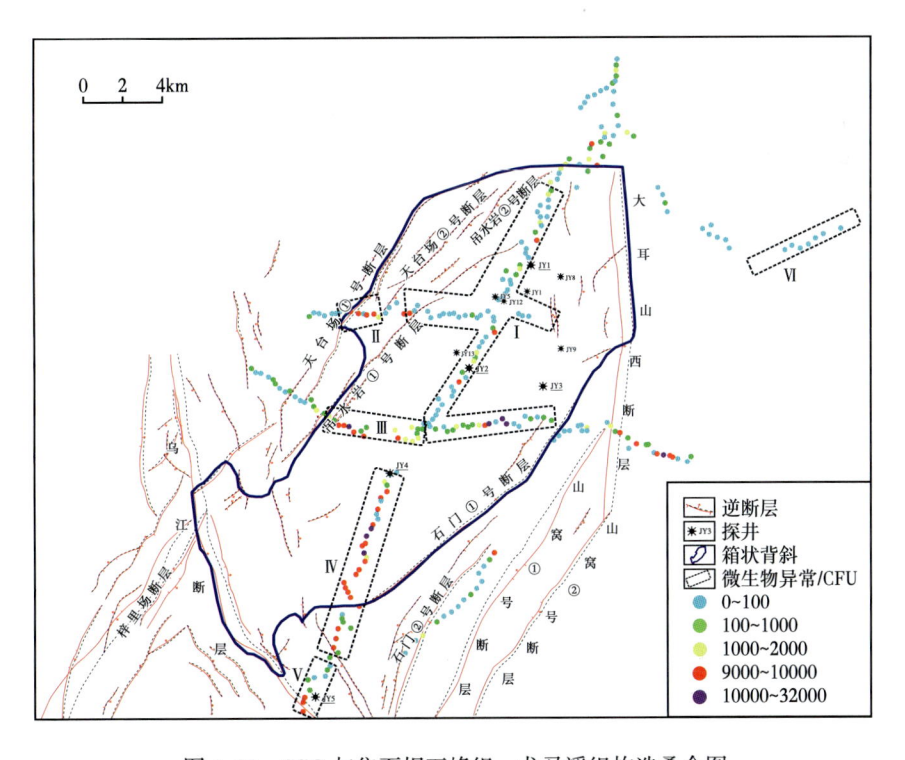

图 3-22 SSG 与焦石坝五峰组—龙马溪组构造叠合图

探分别获得 $20.3×10^4m^3/d$、$34.92×10^4m^3/d$、$50.5×10^4m^3/d$、$43.5×10^4m^3/d$、$41.5×10^4m^3/d$，均为高产气井，证实了该区为页岩气富集区。异常区微生物值较高，均值为 33CFU；吸附烃 C_1 含量较低，均值约为 $213mL/m^3$（表 3-4），为高微生物值—低 C_1 浓度特征，反映出现今有活跃的微渗漏特征，且在历史过程中未发生宏渗漏现象。表明页岩气保存条件相对较好，具有良好的油气富集前景。

表 3-4 焦石坝地区微生物异常区、背景区评价结果与钻井产量关系表

类别	编号	微生物值 / CFU 强度	均值	SSG/(mL/m^3) 强度	均值	钻井产量
异常区	Ⅰ	高	31	低	213	JY1 井 $20.3×10^4m^3/d$、JY2 井 $34.92×10^4m^3/d$、JY13-2 井 $50.5×10^4m^3/d$、JY12-1 井 $43.5×10^4m^3/d$、JY11-2 井 $41.5×10^4m^3/d$
异常区	Ⅱ	高	23	高	2262.4	无
异常区	Ⅲ	高	20	高	3481.6	无
异常区	Ⅳ	高	27	高	3747.3	JY4 井 $13.59×10^4m^3/d$、JY60-5 井 $6.0×10^4m^3/d$
背景区	Ⅴ	低	5	高	1450.1	JY5 井 $3.5×10^4m^3/d$
背景区	Ⅵ	低	5	低	7	无

（2）Ⅱ号异常区靠近箱状背斜西部边缘，天台场①号断裂两侧，变形较强，裂隙发育，保存条件可能具有风险。微生物值以高异常值为主，均值 26CFU，吸附气 C_1 含量极高，均值 $2262mL/m^3$，为Ⅰ号异常区的 10 倍，表明天然气发生过或正在发生大规模逸散，存在宏渗漏现象。但微生物值也很高，说明现今仍有一定的微渗漏强度，页岩气仍有剩余，有一定的产能。

（3）Ⅲ号异常区位于箱状背斜的西部，临近吊水岩①号断裂，微生物值均值 20CFU，吸附气 C_1 均值 $3481mL/m^3$，微生物地球化学特征为高微生物值—高 C_1 浓度特征，与Ⅱ号异常区特征相似，也只是发生烃类的大规模逸散现象，但现今仍有残余量。

（4）Ⅳ号异常区位于焦石坝背斜与乌江背斜带的转换区，已钻探的 JY4 井、JY60-5 井测试分别获日产气 $13.59×10^4m^3$、$6.0×10^4m^3$，较Ⅰ号异常区的产量低。异常区微生物值均值 27CFU，吸附气 C_1 均值 $3747mL/m^3$，表现为高微生物值—高 C_1 浓度的特征，与Ⅱ号、Ⅲ号异常区具有相似特征，表明保存条件存在风险。但由于微生物强度仍较高，且异常区长度较大，综合分析认为有一定的潜力，值得关注。

（5）Ⅴ号背景区位于焦石坝背斜的外围，属于乌江断背斜，变形最为强烈（周凤霞和白京生，2003）。该区钻探的 JY-5 井测试仅有 $3.5×10^4m^3$ 的日产量，微生物值均值 5CFU，吸附气 C_1 均值 $1450mL/m^3$，总体微生物地球化学特征为低微生物值—高 C_1 浓度特征，临近乌江断层，甲烷已严重逸散，保存条件差。

（6）Ⅵ号背景区位于焦石坝背斜的外围，微生物值均值为 5CFU，吸附气 C_1 均值为 $7mL/m^3$，表现为低微生物值—低 C_1 浓度特征，表明该区域油气丰度差，为风险区。

此外，在箱状背斜外围的东部及北部识别出微生物异常区，位于Ⅰ号异常区与Ⅵ号异常区之间，微生物值异常值连续分布，吸附气 C_1 浓度较低，仅在构造边缘断裂附近浓度

较高。综合分析认为背斜东北部有较好的页岩气扩边潜力。

4. 油气保存条件预测模式

微生物指标检测的是生存于浅表层土壤中的活体烃氧化菌，其生存依赖于持续的烃类供给，反映的是现今正在进行的烃类微渗漏强度；酸解吸附烃检测的是被碳酸盐包裹和吸附的轻烃，是一种"化石指标"，反映的是地质历史时期累计包裹吸附的烃类微渗漏强度。因此，综合利用"现今"微生物指标与"历史累积"酸解烃指标，不仅可以反映历史时期油气藏的保存条件，是否遭受断层作用导致的宏渗漏的破坏，而且可以反映现今油气藏的含油气状态。

基于对焦石坝地区页岩气的研究分析，本书总结了断裂区保存条件的4种判识模式（表3-5；梅海等，2020）：

模式1：烃氧化菌值高于门槛值、土壤吸附烃含量小于1000mL/m³，表明现今烃类微渗漏较强，且历史上未发生宏渗漏，指示地下油气藏中油气相对富集且保存条件好。

模式2：烃氧化菌值高于门槛值、土壤吸附烃含量不小于1000mL/m³，表明现今烃类微渗漏较强，历史上曾发生过宏渗漏或正在发生宏渗漏，指示地下油气藏曾经或正在遭受破坏，当前油气藏中可能存在油气残余。

模式3：烃氧化菌值低于门槛值、土壤吸附烃含量不小于1000mL/m³，表明现今烃类微渗漏较弱，历史上曾发生过宏渗漏，指示地下油气藏已遭受破坏，当前油气藏中可能存在油气残余的可能性较小。

模式4：烃氧化菌值低于门槛值、土壤吸附烃含量小于1000mL/m³，表明现今烃类微渗漏较弱，历史上未发生过宏渗漏，指示地下无油气富集。

表 3-5　微生物地球化学技术判识油气藏特征的模式

模式	微生物值	酸解烃 C_1 值	保存条件	油气藏状态
1	高	低	未被破坏	富含油气
2	高	高	曾被破坏过或正在被破坏	可能存在油气残余
3	低	高	已破坏	存在油气残余的可能性较小
4	低	低	未被破坏	无油气

注：微生物值不小于门槛值为"高"，指示现今微渗漏强度高；微生物值小于门槛值为"低"，指示现今微渗漏强度低。酸解烃 C_1 值不小于 1000mL/m³ 为"高"，指示历史上发生过或正在发生宏渗漏；酸解烃 C_1 值小于 1000mL/m³ 为"低"，指示历史上未发生宏渗漏。

通过对现今和历史时期烃类渗漏信息开展研究，对油气保存进行评价，是一种针对烃类富集程度、保存条件进行评价的直接方法，在山前带等构造运动剧烈的地区，可能发挥一定的作用。

二、非均质烃氧化菌异常区分布成因

在微生物油气检测实践中，除了会遇到沿断裂分布的线状异常形态，还常见到油气藏上方烃氧化菌值高低相间，以异常高值为主，但同时也存在一些低值，表现为异常值呈分散状分布的特征。对此现象产生的原因，笔者也进行了研究总结，认为主要存在以下几种情况：

1. 油气分布的非均质性

在一些常规油气藏中，油气的富集程度受到构造高点或优质储层分布的影响，存在较大的差异。如第三章第一节中列举的准噶尔盆地阜康凹陷东斜坡岩性油气藏勘探实例中，钻井几乎都能见到油气，只是产量会有很大差异，表明地下油气富集程度存在差异。而同一油气藏中，在构造高部位或物性较好的储层上钻井的产量要更高，如第三章第一节中列举的准噶尔盆地 GT1 井和 GT102 井。而在非常规油气中，如页岩油（气）、致密油（气），由于油气的分布是连续的，因此，油气也是连片状分布。但同时存在高产的"甜点"区与"非甜点区"，而其产生的微渗漏强度也会有所差异，从而导致地表微生物分布的非均质性。

2. 渗漏通量的非均质性

由于微渗漏的通量会受到地质因素的影响，尤其是断裂分布不均匀，会导致轻烃渗漏通道的非均质性，从而使渗漏通量产生差异，在局部断裂较发育的地区渗漏量较高。此外，第三章第二节中分析的油气藏压力变化和盖层类型的不同等也可能会对渗漏的通量造成影响，产生非均质性。

3. 分布油气区的边缘

对盖亿泰公司参与检测的 83 口钻井的吻合率统计数据可见（梁战备等，2004），在稳定微生物异常高值区的核心位置钻探获得油气发现井的概率为 88%，而在稳定微生物低值背景区的中心位置钻探为失利井的概率达到 89%。但在异常区向背景区过渡的区域，钻探的吻合率则出现了大幅下降，表现为微生物数据出现一定的跳跃性。如在第一章第四节图 1-7 展示的中拐凸起微生物检测成果中，JL13、JL061 井均位于微生物异常区向背景区过渡的区域，前者为地质报废井，后者为工业油气流井。使用微生物成果来进行过渡区的含油气性检测会存在困难。其原因主要包括两方面，一方面可能是处于油水边界地区，油气水分布更加复杂，会导致土壤中烃氧化菌的丰度发生变化；另一方面可能受限于采集样品的密度，对油水边界的刻画很难做到精确，也会产生一定的波动。

4. 微生物在土壤分布中的非均质性

土壤中理化性质存在较大差异。局部含盐度、含水率等因素发生较大变化，可能会对微生物的生长带来影响，导致局部微生物值出现低值（张薇等，2005）。此外，即使在土壤理化性质相对均一的土壤中，微生物在土壤中的分布也非常不均匀，遵循泊松分布的规律。泊松分布是概率论中常见的一种离散型概率分布形式，具有一定的随机性（夏元睿等，2019）。以往学者通过对土壤单点进行多次取样发现，微生物在土壤中的分布非均质性很强（周凤霞和白京生，2003），这是微生物油气检测技术特点所决定的。因此，在土壤中烃氧化菌提取环节可能会存在一定的偏差，造成微生物检测重复样品的数据稳定性要低于化学检测。在评价目标体时，应保证上方有足够的样品数量，按照统计学方法分析数据规律性，并对可能的环境因素进行识别和校正。

第四章 油气富集区上方烃氧化菌分布地表环境控制因素及特征

微生物作为活体指标，在医学领域已有广泛而成熟的应用。对人体中的细菌、病毒等微生物对比评价的方法和标准已建立，准确度高。相对于人体，土壤环境会更复杂，因此，土壤中的烃氧化菌除了受到油气藏丰度、圈闭形态、油气藏压力等地质因素影响之外，也会受到生长环境的影响。不同的地貌环境，如农田和戈壁等，是截然不同的生态系统，微生物的总丰度会有较大的差异。以往研究指出不同研究尺度下，影响土壤微生物的环境因子也不同。在毫米、厘米的小尺度空间内，土壤微生物会受到根系效应、土壤孔隙结构等影响；在米、千米的中尺度空间内，pH值、盐度、含水率等土壤物理化学性质及地貌等其他环境因子（邵颖和刘长海，2017）会影响土壤微生物；在数百乃至数万千米的大尺度空间内，气候、地理空间隔离和自然事件（Rinklebe and Langer，2006）则会对土壤微生物群落造成影响。因此，明确环境因素对微生物的影响作用，对微生物数据的去伪存真，使其能真实反映地下油气的情况至关重要。本章内容将探讨地貌、深度、高程、土壤理化性质等地表环境因素对烃氧化菌的影响作用。

第一节 不同地表条件下烃氧化菌分布特征

一、典型地貌烃氧化菌分布特征

微生物的生长离不开特定的生态系统。微生物所处的环境可以分为陆地和海洋两大类。由于海洋和陆地环境差别大，在实验室检测的体系不同，因此，海洋微生物数据与陆地数据不能直接作对比。陆地又可进一步分为森林、草原、荒漠、湿地、农田、城市等生态系统（贺纪正和葛源，2008）。环境的变化也使微生物群落结构和组成表现出多样性和复杂性（Fierer and Jackson，2006；Shen et al.，2014）。

为了研究不同地貌烃氧化菌的分布特征，需要尽量排除地质因素的影响，而同一油气藏地质条件相似，可以最大程度的减少地质条件差别带来的影响。因此，本书选择准噶尔盆地四棵树凹陷高泉东背斜油气藏开展研究，研究区地质概况详见第二章第三节。

研究区地理位置隶属于新疆维吾尔自治区乌苏市、奎屯市和克拉玛依市境内，包括戈壁和农田两种常见的典型地貌，地表高程250~300m。在采集的256个烃氧化菌样品中，包含农田样品145个、戈壁样品111个（图4-1）。对农田和戈壁样品采用完全一致的方法和参数开展实验。

微生物检测数据显示，农田微生物值范围为21~445CFU，均值158CFU；戈壁微生物值范围为 2~301CFU，均值 91CFU，农田微生物值均值几乎为戈壁微生物值均值的一倍。从农田区和戈壁区样品的微生物值频率分布直方图（图 4-2 和图 4-3）可见，两种地貌样品微生物值直方图虽然均呈现"双峰"特征，但二者"双峰"的形态和交叉点有所不同。农田区微生物值"背景值峰"和"异常值峰"区分明显，峰型呈类似正态分布的窄峰特征，双峰的交叉点位于 170~200CFU 处；戈壁区"双峰"特征不是很典型，总体呈现向右偏斜的特征，即随着微生物值增加落在各数值区间的个数总体减少，"异常值峰"较明显，呈宽峰特征，异常值与背景值的断点清晰，位于 80CFU 处，但背景值区分不明显，各区间分布的样品个数差别不大。

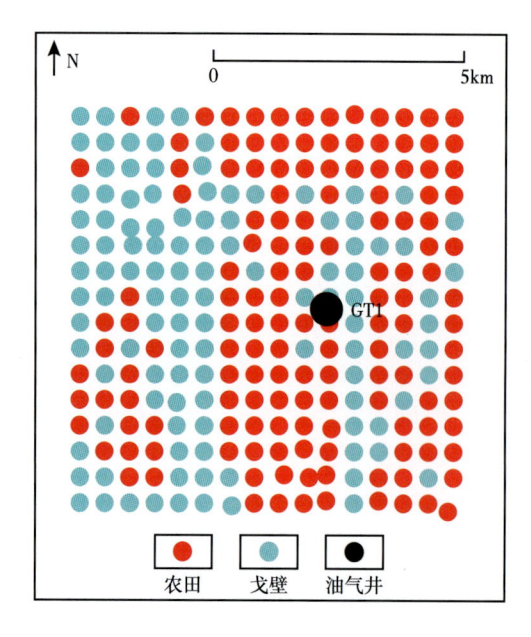

图 4-1　准噶尔盆地四棵树凹陷高泉东背斜地貌分区图

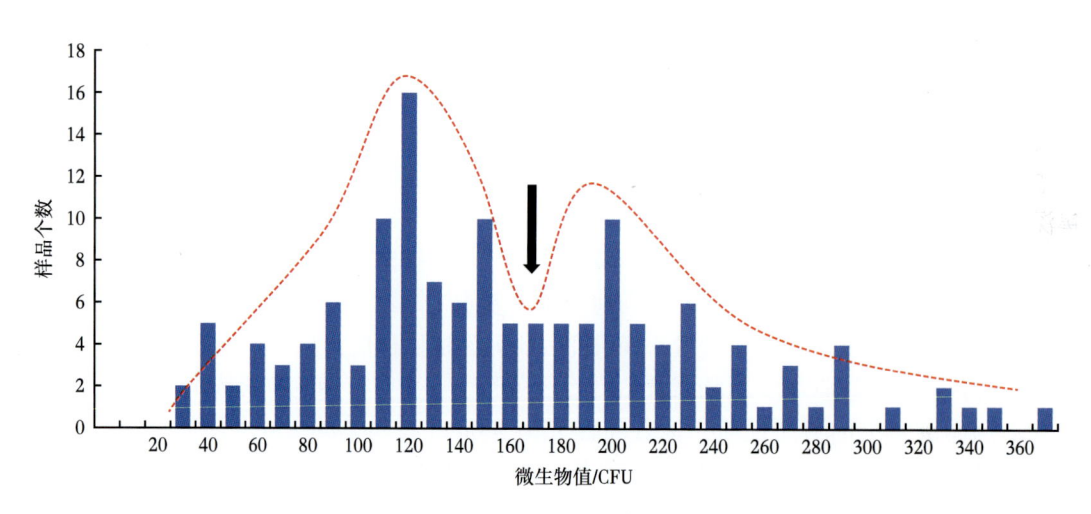

图 4-2　准噶尔盆地四棵树凹陷高泉东背斜农田区微生物值频率直方图

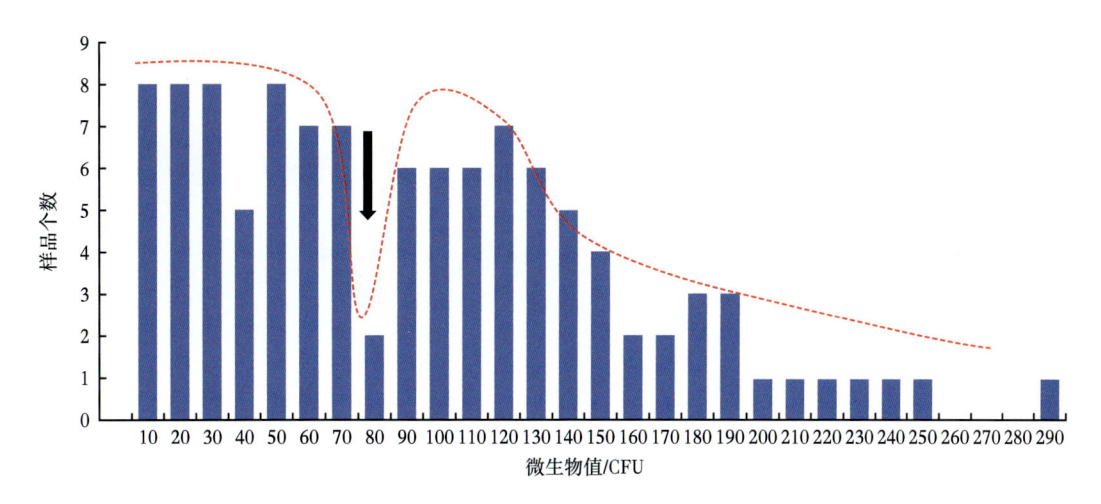

图 4-3　准噶尔盆地四棵树凹陷高泉东背斜戈壁区微生物值频率直方图

研究认为戈壁区微生物值呈现非典型"双峰"特征的原因可能为：(1)部分戈壁样品受高盐度影响，导致微生物数值偏低，低值聚集分布，使频率直方图呈现右偏斜特征；(2)戈壁样品与农田样品采用同一体系参数进行实验检测的情况下，戈壁样品微生物数据分辨率不高，因而表现出宽峰特征。

从微生物值数据特征可见，同一油藏上方不同地貌的微生物数据存在一定差异，将两种地貌的微生物数据统一分析处理，会导致微生物异常区判定不准确。针对同一研究区存在多种地貌的情况，可对微生物数据进行分区环境校正和归一化处理，经研究校正后得到的微生物数据更能真实反映地下油气藏的特征，在实际生产中已获得钻探验证（详见第二章第三节和第三章第一节）。

二、不同采集深度微生物及地球化学的响应特征与关系

烃氧化菌通常在有氧气或氧离子的参与下才能代谢轻烃。不同的深度含氧量会发生变化，从而影响烃氧化菌的生长和活性。本书依托于"863计划"《冻土带天然气水合物微生物地球化学勘查技术研究》课题，在青海省乌丽地区开展了不同深度油气指示菌随深度的变化规律的研究，同时分析与微生物代谢相伴生的热释烃、次生碳酸盐等常见地球化学指标浓度随深度的变化，探讨微生物与地球化学指标之间的关系，确定合适的微生物样品采集深度。

研究区位于青海省南部，构造位置属于华南板块，主体位于乌丽—达哈断隆、沱沱河断陷三级构造单元内（图4-4）。平均海拔4700m以上，是中国陆域冻土区天然气水合物找矿远景区之一。冻土区潜在气源层主要有中—下二叠统开心岭群九十道班组（Pj）、上二叠统乌丽群那益雄组（Pn）、上三叠统结扎群巴贡组、新近系中新统—渐新统雅西措组等（唐世琪等，2015）。2015年、2016年在该区钻探了天然气水合物调查井TK-2井和TK-3井，主要目的层为上二叠统那益雄组，发现有强烈冒泡、"冒汗"现象，并有红外低温异常、点火助燃等天然气水合物赋存标志（刘晖等，2019）。

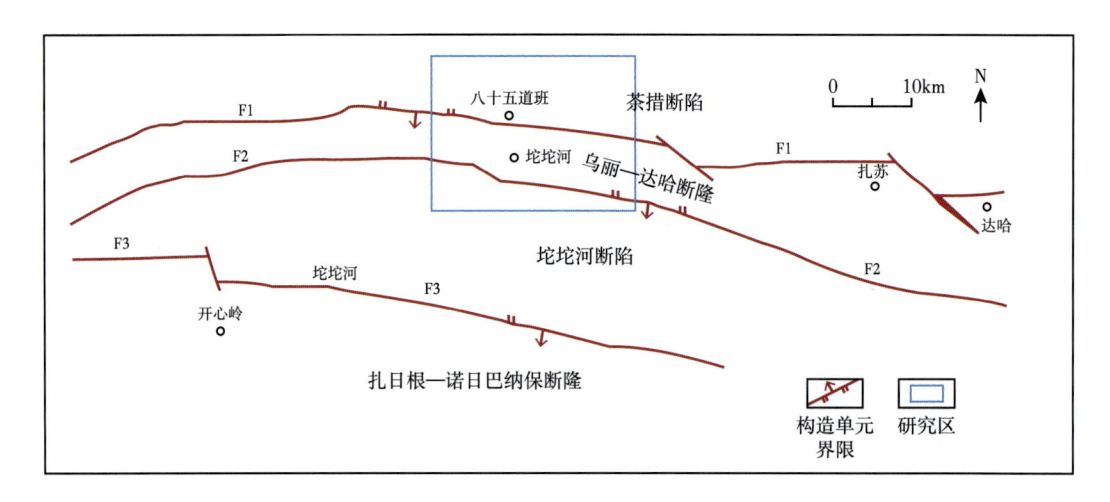

图 4-4 青海南部乌丽冻土区位置图

1. 微生物值随深度变化特征

研究区面积约 12.5km²，地貌均为草地。以前期油气检测成果识别的 6 个异常区为基础，针对每个异常区各采集柱状样 1 站，共计 6 站（图 4-5）。柱状样深度 150cm，自地表每间隔 10cm 采集 1 份土壤样品，即每个柱状样采集 15 个样品。

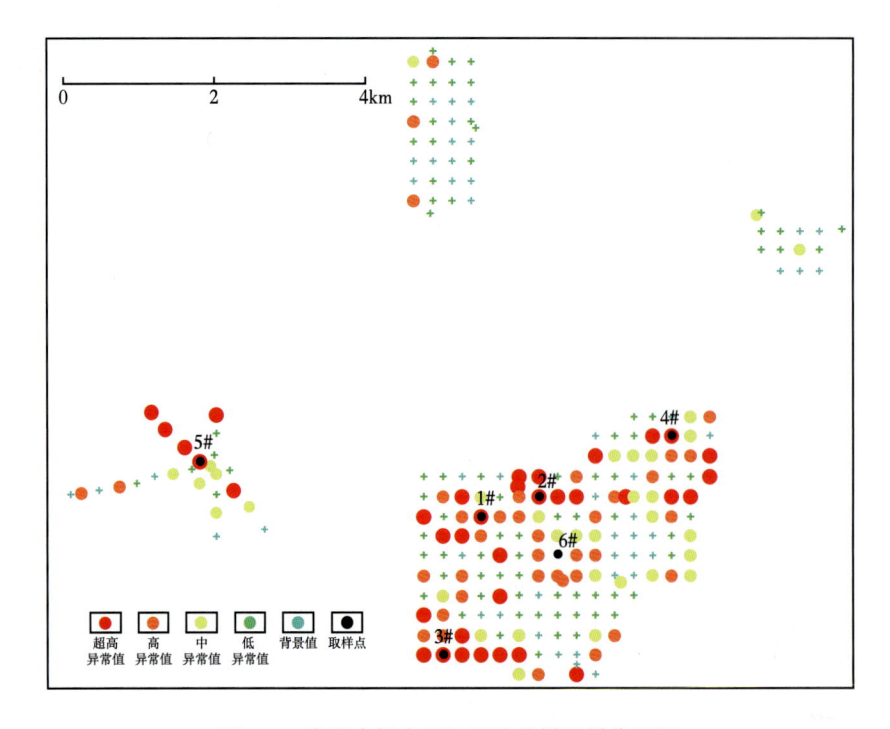

图 4-5 青海南部乌丽地区柱状样取样位置图

但是，由于 1#、2# 和 5# 柱状样点深层难以取到土壤样品，共有 6 个样品缺失，共计采集样品 84 份。经过预处理和存储后运送到实验室进行分析，测定微生物值。由于

68

研究区除了常规天然气之外，还可能存在冻土天然气水合物，因此，在检测丁烷氧化菌（BMV）的同时，还补充检测了甲烷氧化菌（MMV）指标，结果见表4-1。

表4-1　6组柱状样品微生物值统计表

深度/cm	MMV/CFU						BMV/CFU					
	1#	2#	3#	4#	5#	6#	1#	2#	3#	4#	5#	6#
10	335	255	380	177	311	100	179	127	274	207	183	56
20	211	157	259	353	160	62	148	139	175	188	125	18
30	138	87	119	138	88	51	124	81	83	102	62	29
40	46	61	35	85	37	115	38	40	37	64	15	65
50	47	33	21	38	26	104	23	10	16	31	31	65
60	39	23	20	20	4	101	14	6	15	12	5	46
70	14	9	8	25	6	74	3	4	0	9	1	18
80	25	15	26	8	7	45	1	7	3	1	1	8
90	14	5	5	22	3	47	1	2	1	8	1	4
100	33	19	2	12	5	57	6	5	0	5	0	8
110	22	13	3	17	3	57	1	9	1	3	0	2
120	7	8	2	13	3	28	0	1	3	1	1	6
130	15	21	5	31	—	20	10	4	1	11	—	2
140	—	32	9	57	—	18	—	25	1	24	—	0
150	—	—	27	18	—	30	—	—	23	5	—	1

分析微生物值随深度变化的规律发现（图4-6），各组柱状样MMV普遍高于BMV，两个指标数据表现出相似的曲线特征，即微生物值随深度增加而降低。MMV与BMV相关系数R^2达到0.875，$P<0.01$，极显著高度正相关。除了6#系列柱状样之外，其余5组柱状样微生物值均表现为两段式特征：（1）0~60cm深度段，微生物值在20cm以浅出现最大值，之后随深度的增加，微生物值显著下降，曲线斜率大，表明该深度段，微生物活跃，微生物数值分辨率高，可起到较好的区分指示作用。（2）60~150cm深度段内，微生物值随深度增加而降低的趋势已不明显，接近于0值，为稳定的低值。表明在60cm以下，微生物作用已经很弱，各组状柱样微生物数值几乎无区分，已无法起到油气指示的作用。

由此可见，研究区甲烷氧化菌和丁烷氧化菌均可以起到同样的表征地下轻烃微渗漏特征的作用，绝大多数甲烷氧化菌样品并未受到表层生物成因甲烷的干扰。仅4#系列柱状样的20cm样品，甲烷氧化菌值出现了明显的增加，由10cm的177CFU增加到353CFU。产生这种现象的原因，一方面可能是该样点20cm层段存在生物成因的甲烷干扰，从而引起甲烷氧化菌指标出现异常高值，而乙烷、丙烷、丁烷等其他指标并未出现异常高值；另

69

一方面可能是该层段微生物作用非常活跃，除了甲烷氧化菌指标之外，其他指标也会有所变化。下文将结合热释烃等指标的检测结果作进一步验证。

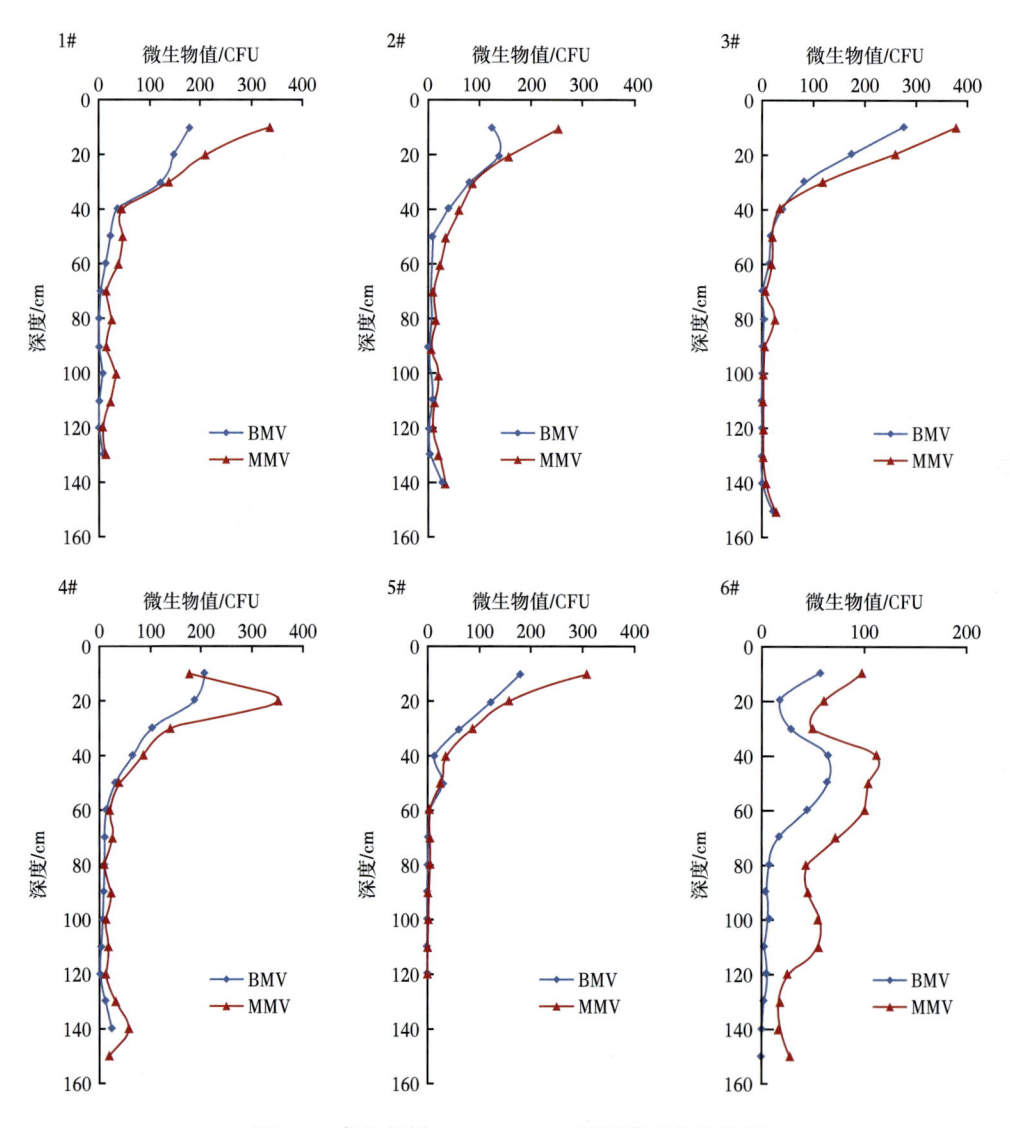

图 4-6　各柱状样 BMV、MMV 随深度变化趋势图

由 1# 至 5# 系列柱状样两种土壤油气指示菌数据的分析结果可见，地表的轻烃氧化过程与土壤深度有较大关联，微生物的数量在富含氧气的表层土壤中最高，说明地表的轻烃氧化过程以好氧氧化作用为主，深度大于 60cm，氧气含量相对低，油气指示微生物活性差，难以起到地下油气表征的作用。

但是，需要注意的是，6# 系列柱状样与其他组有所差异，微生物值随深度增加表现为降低—增加—降低的三段式变化特征。在 40~60cm 深度段达到峰值，在 60cm 以下丁烷氧化菌数值已很低，接近基线。甲烷氧化菌指标在该深度段却仍然有一定的活跃度。分析 6# 系列柱状样出现不同特征可能存在两种原因：（1）由于该组柱状样在 30cm 以上微生物量较少，在6组柱状样中数值最低，10cm的BMV数值均不足其余5组数据的一半，因此，表层土壤可能存在人为扰动，形成了噪声。（2）在60cm以下仍可以测出较高的甲烷氧化菌值，指示可能存在生物成因的甲烷。

2. 土壤热释烃成果

土壤热释烃是指被土壤或沉积物颗粒吸附或包裹、能在100~220℃和真空条件下释放出来的气态烃（通常为C_1~C_5），是直接反映地下矿藏的地球化学指标。热释烃分析方法是通过特殊装置，真空加热提取轻烃，用气相色谱分析测试（王周秀等，2003）。为了确定地表轻烃的组分特征和赋存状态，本书挑选了数据最全的3#、4#、6# 三组柱状样开展热释烃的检测。检测工作委托中国石化石油勘探开发研究院勘查地球化学实验室完成，共检测样品45个，每个样品分别检测甲烷、乙烷、丙烷、丁烷和乙烯、丙烯6项指标。

热释烃柱状样检测结果如图4-7所示，3#柱样各组分表现出较好的正相关性，随深度的变化总体仍为下降的趋势。但在下降过程中出现2个峰值段，分别出现在30cm和60cm层段，在80cm以下表现为稳定的低值。4#柱状样各组分相关性也较好，各组分浓度的峰值出现在20cm处，甲烷浓度最高，达到26.2610μL/L，但是，除了甲烷浓度出现高异常之外，其他组分也均有明显增加，尤其是乙烯、丙烯，浓度也达到18.75μL/L和13.40μL/L，表明该层段甲烷氧化菌的升高并不是因为生物成因甲烷带来的干扰。6#柱状样各组分浓度相关性略差，随深度变化的特征不明显。但6#柱状样品甲烷含量在3组柱状样品中最高，且在40cm处丁烷也出现了峰值，表明该处既存在轻烃微渗漏，也存在生物成因甲烷，两者相互叠合，导致了甲烷氧化菌的浓度异常升高。

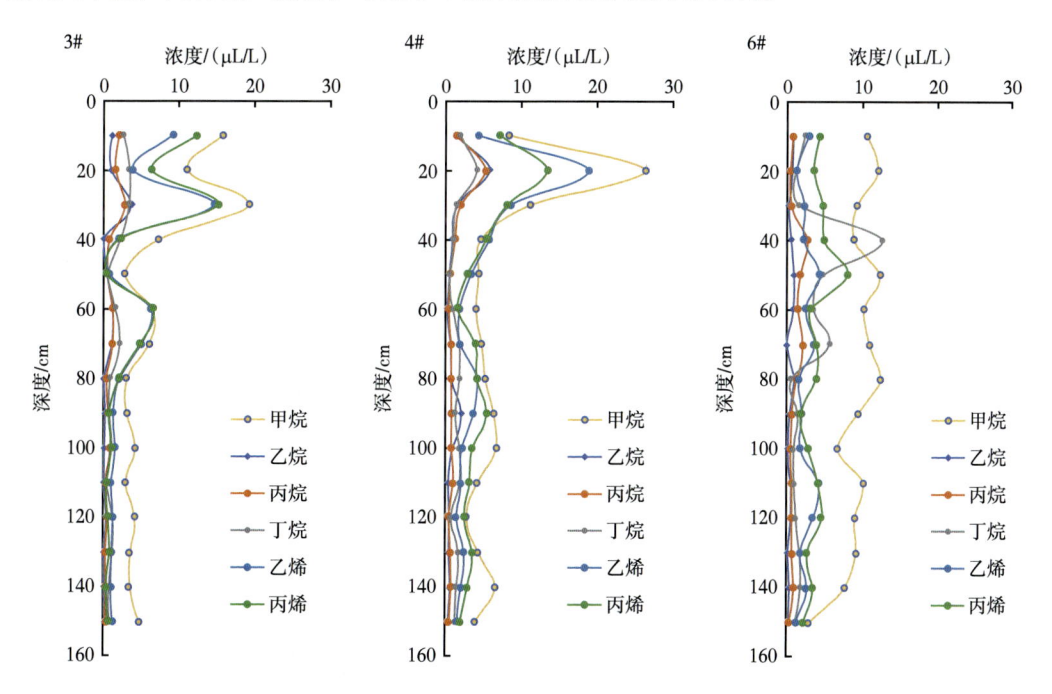

图4-7 3#、4#、6# 柱样热释烃浓度随深度变化图

3. 次生碳酸盐成果

次生碳酸盐法（又称蚀变碳酸盐法或ΔC测量法），是指烃类在土介质、沉积物中被

氧化成二氧化碳后，与其中部分盐类及水发生作用所生成的一种分解温度为 500~600℃ 的碳酸盐，该方法是油气化探最常用的方法之一。本研究同样挑选了 3#、4#、6# 三组柱状样，委托中国石化石油勘探开发研究院勘查地球化学实验室开展了次生碳酸盐指标的检测工作，共计分析样品 45 份。如图 4-8 所示，3#、4#、6# 柱状样蚀变碳酸盐和 BMV 具有较好的正相关性，3# 和 4# 柱状样品 ΔC 数据同样具有明显的随深度加深而减小的趋势，在 0~60cm 深度段，ΔC 数值下降最快，这个深度段也对应油气指示菌最活跃的区域。而在 60cm 以下，次生碳酸盐浓度表现为稳定的低值，随深度的变化幅度不大。6# 柱状样随深度变化的特征仍不明显，表现出与甲烷氧化菌、丁烷氧化菌相似的纵向分布特征。

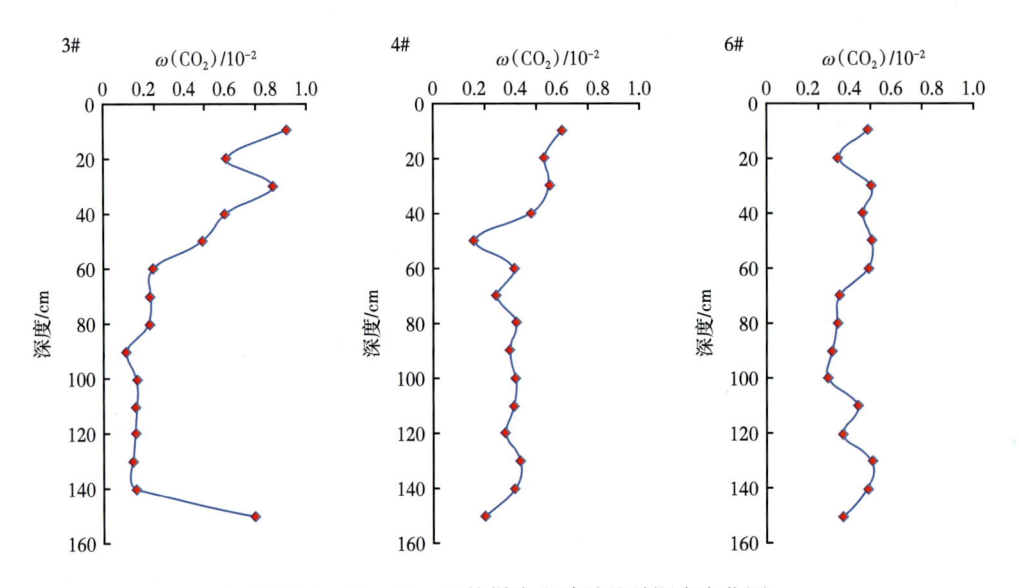

图 4-8 3#、4#、6# 柱样次生碳酸盐随深度变化图

综合以上油气指示菌、热释烃和次生碳酸盐检测结果，推测了微渗漏近地表微生物地球化学过程：油气藏中的轻烃分子向上运移的过程中，在地表土壤约 60cm 以下的层位，由于缺乏氧气而呈现出还原性环境和较低的微生物活性，这导致该层系土壤生物地球化学过程不明显，热释烃、次生碳酸盐等一些地化指标都呈现平稳的状态。而 0~60cm 之间，属于轻烃的好氧氧化带，轻烃发生了一系列的生物地球化学转化。一方面，轻烃作为食物使烃氧化菌异常发育，烃氧化菌利用氧气作为电子受体，将轻烃氧化为 CO_2 和 H_2O，从而形成烃氧化微生物异常；另一方面，轻烃代谢产生的 CO_2 和 H_2O 与土壤中的 Ca^{2+} 形成了碳酸盐岩，而碳酸盐岩在形成的过程中包裹了部分轻烃气体，形成酸解烃地球化学异常，而同时生成的碳酸盐造成了蚀变碳酸盐的异常。此外 CO_2 溶解形成的弱酸条件使黏土矿物大量生成，增加了该层段的轻烃吸附能力，从而使热释烃含量出现增长的趋势。

根据以上柱状样品的分析结果，认为微生物油气检测样品采集的深度在 20~60cm 之间，深度太大数值分辨率较低，并且同一区域样品深度要尽量保持一致。通常建议选择 20~30cm 作为微生物油气检测技术的采集深度，分辨率最高，但由于地表一些特殊地貌会受到人为干扰，如农田等，需要通过采集一定深度来规避干扰。此外，由于微生物会受到盐度、pH值等土壤物理化学性质的影响，在深度选择时也需要尽量选择物理化学性质较一致的层位采集。因此，不同的研究区可能存在不同的最佳采集深度。

三、不同地表高程烃氧化菌分布特征

为了研究不同地表高程与烃氧化菌数据的关系，选择准噶尔盆地南缘四棵树凹陷霍西断鼻开展不同高程烃氧化菌数据变化的分析工作。研究区位于四棵树凹陷东南部（图4-9），地貌单一，均为山地，植被不发育，高程范围1173~1868m。由于地质背景为同一断鼻构造，地质条件较一致，且地貌简单，较适合开展高程与烃氧化菌的关系研究。本书在霍西断鼻上方共采集微生物样品570个，点间距330m×330m，覆盖面积约57km^2。

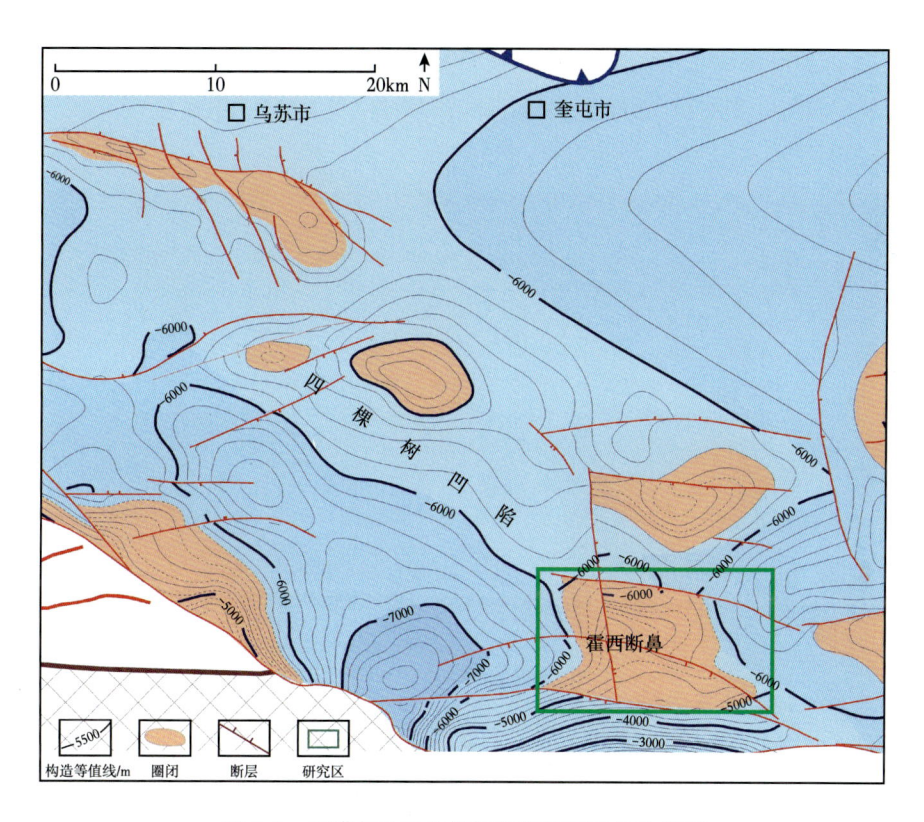

图4-9 准噶尔盆地四棵树凹陷霍西断鼻位置图

由研究区高程与微生物值关系图可见（图4-10），随着高程的增加，烃氧化菌数据表现为离散分布，二者相关系数R^2仅为0.0024，相关性不明显。通过微生物值与地面高程的平面叠合关系图发现（图4-11），地表高程由北向南逐渐升高，西南部是构造的最高点位置。但微生物值在构造高点（1600m及以上）既有微生物值高值也有微生物值低值，在北部构造低点（1600m及以下）同样存在微生物值高值区与微生物值低值区，平面上微生物值与高程不存在明显相关性。因此，在一定范围内，高程的变化并不会对烃氧化菌生长造成影响。

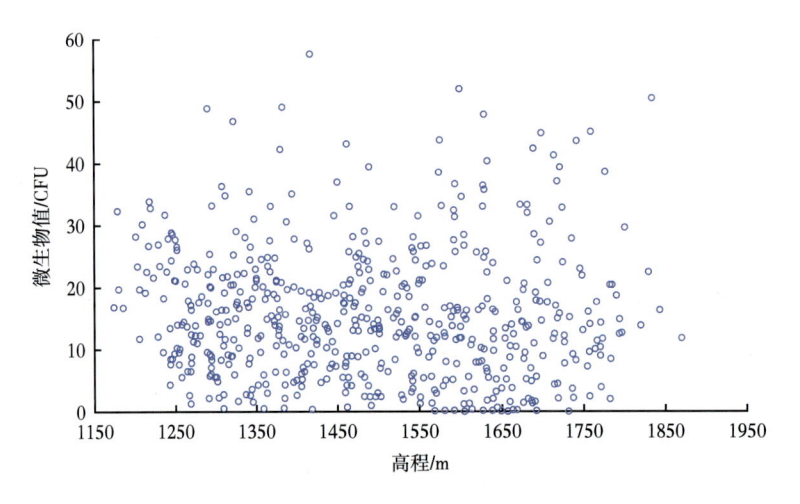

图 4-10　准噶尔盆地四棵树凹陷高程与微生物值关系图

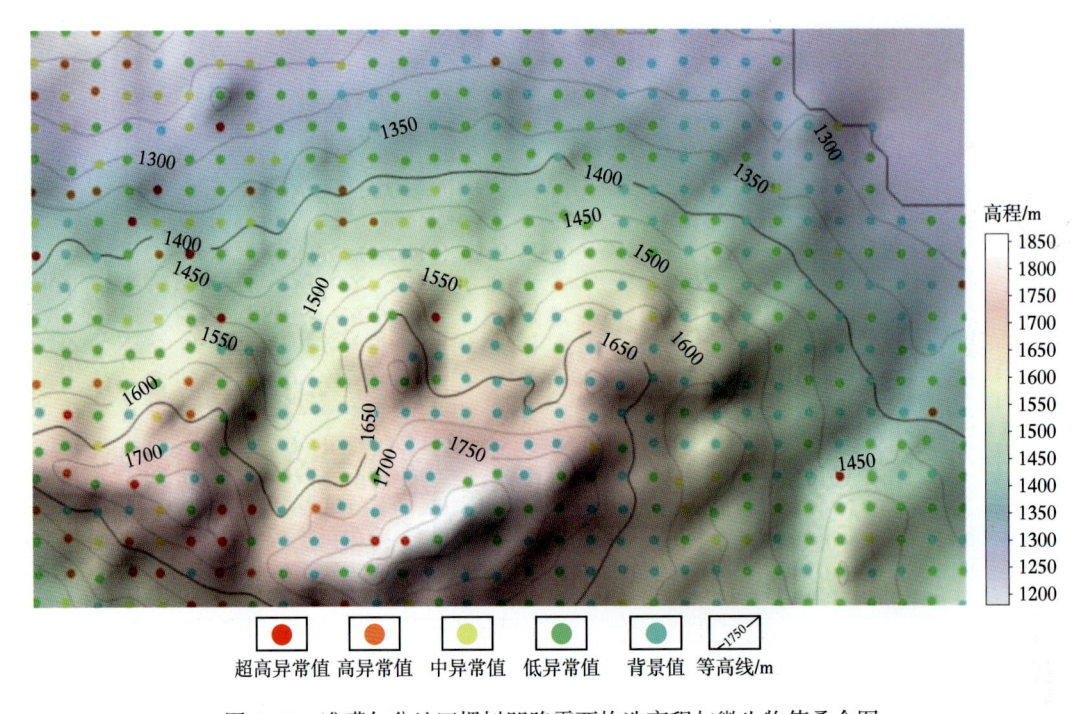

图 4-11　准噶尔盆地四棵树凹陷霍西构造高程与微生物值叠合图

但在实际生产中，在某些区域发现微生物值与高程之间表现出一定的相关性，深入研究发现地表高程并非主控因素，而是由于特殊地区的地表地形变化导致地貌或生态环境发生变化。如因局部高程降低，水流会向地势低洼处汇集、蒸发，而流体又富含盐分，使高程低的地区出现高含水率、高 pH 值、高盐度等特征，而这些因素可能会对微生物值造成影响。因此，在分析高程与微生物值相关关系时，需注意高程变化所引起土壤理化因子的变化对微生物生长发育的影响。

第二节 不同土壤性质对烃氧化菌数值影响

由于微生物油气检测的区域通常是几平方千米到几百平方千米不等，在该中等尺度下，除了地表地貌因素会影响微生物值之外，土壤理化性质变化也会对微生物数据造成影响（刘怡萱等，2019）。然而，对于典型地貌土壤微生物功能和多样性与植被、水分等环境因素关系的研究较少（刘晖等，2019）。因此，本节将探讨盐度、pH 值、含水率、土壤类型等常见土壤物理化学性质与丁烷氧化菌数值的关系。

一、盐度

土壤盐度是重要的土壤物理化学指标之一。在我国西北戈壁和盐湖区、东部沿海均分布大面积的盐碱地。据 Sorokin 等研究表明，土壤盐分中的一些离子对微生物的发育有抑制作用，如 Na^+、Mg^{2+} 等，对微生物值的绝对值造成了很大的影响（孔淑琼等，2009）。在本书第三章第四节中，也展示了戈壁区含盐度高导致了微生物值的降低。然而，关于土壤中烃氧化菌与盐度的关系研究相对较少。

张春林在柴达木盆地三湖坳陷台南—台东气田上方开展了甲烷氧化菌值与盐度的关系研究（王国建等，2018）。三湖坳陷以第四系生物气为主要勘探目标，先后发现了台南、涩北一号等 7 个生物气田（徐子远，2005）。地貌以盐碱地为主，土壤层大面积析出钠盐（NaCl）晶体（图 4-12）。张春林等（王国建等，2018）在台南—台东地区共采集土壤样品 481 个，土壤层盐度普遍很高，最大值高达 50% 以上，最低值也达到 6.16%。全部样品甲烷氧化菌平均值仅为 6CFU，中值为 1CFU，众数为 0CFU，远低于其他戈壁地貌的非盐碱地区。由于盐度过高，抑制了微生物的生长，微生物值分辨率过低，个位数占到数据量的 80% 以上，且多数为 0 值，因此，在台南气田、涩北一号气田上方以微生物低值和背景值为主，难以区分气田区与非气田区。三湖地区属于极端的盐湖地区，土壤含盐度极高，不具有普遍代表性。

图 4-12 柴达木盆地三湖地区硬盐碱壳与盐析发育区

根据王遵亲等（1993）对土壤盐化的分级标准，非盐化土壤含盐量小于 2g/kg，含盐量 2~3g/kg、3~5g/kg、5~10g/kg 分别为轻度、中度、重度盐化土壤，土壤含盐量大于 10g/kg

即为盐土。盐碱地的土壤含盐量通常在 30g/kg 以下。

因此，本书为了研究含盐量对微生物值的影响作用，在实验室设置了含盐量 0 到 30g/kg 的测试区间，以 2g/kg 为间隔配置不同盐度的培养基，分析不同盐度浓度下典型丁烷氧化菌的生长情况。

1. 材料与方法

（1）用 NaCl 调节盐度，用电导法测定盐分总量，配制不同盐度的 16 份培养基。盐度值分别为 0、0.2%、0.4%、0.6%、0.8%、1.0%、1.2%、1.4%、1.6%、1.8%、2.0%、2.2%、2.4%、2.6%、2.8%、3.0%。

（2）在各培养基中分别加入 0.4% 的丁醇（适宜丁醇生长的最佳浓度；中国科学院微生物研究所地质微生物研究室，1960）。

（3）分离出中性土壤中红球菌和链霉菌 2 种常见的丁烷氧化菌纯菌，分别制成菌液，按相同体积量加入到培养基中。

（4）放入 30℃ 振荡培养箱振荡培养 5d。

（5）测定微生物的数量。红球菌和链霉菌用血球计数板进行计数。

2. 结果与讨论

红球菌和链霉菌的生长情况随盐度的变化趋势总体较一致（图 4-13），可分为四个阶段：①在含盐量小于 2g/kg 的无盐化区间内，丁烷氧化菌的数值相对稳定，未出现与盐度存在明显相关性；②在 2~4g/kg 的中轻度盐化区间内，2 种丁烷氧化菌生长变化趋势差异较大，随着含盐量的增加，红球菌数量无显著变化，但链霉菌数量出现陡然下降；③在 4~10g/kg 的中强度盐化区间内，2 种菌数量均呈现随含盐量增加而下降的趋势；④在 10~30g/kg 的盐度区间内，2 种菌种仍呈现下降趋势，但由于生长速率已较低，下降斜率小，变化趋于稳定。

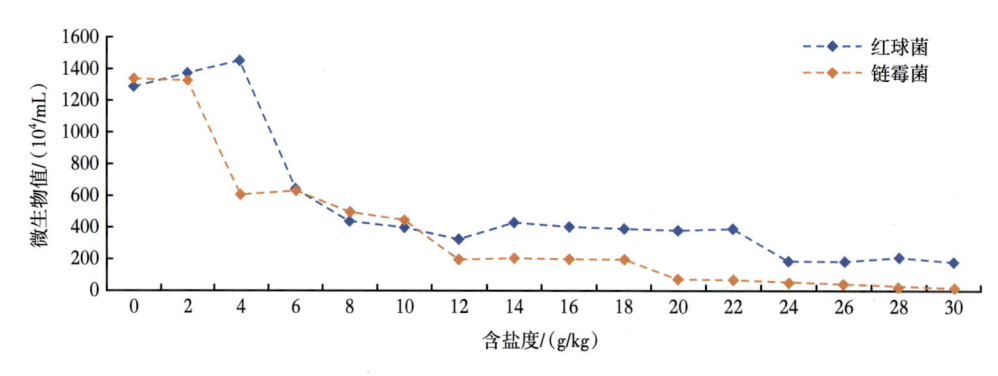

图 4-13　链霉菌生长速率与盐度关系图

二、酸碱度

酸碱度是重要的土壤理化指标，陆地环境中比较常见的土壤 pH 值区间范围是 5~9。微生物种类不同，最适宜生长的酸碱度也不同。对于大多数土壤微生物而言，最适酸碱度为中性，因此中性土壤中微生物含量最高。

目前对于酸碱度对土壤中烃类指示微生物的影响作用尚无统一认识。梁战备等（2004）

认为森林中甲烷主要被喜酸性甲烷菌代谢，最适宜pH值为5.8。在森林等酸性土壤环境中，喜酸性甲烷氧化菌将成为优势菌，其适应最佳pH值环境偏酸性；相反，在碱性土壤环境中，甲烷氧化菌适宜的pH值偏碱性。张春林等（2010）认为pH值小于10的环境下，甲烷氧化菌均可存活，能指示地下含油气性差异。土壤中pH值发生变化，会影响微生物对营养物质的吸收，代谢过程中酶的活性也会降低（王海斌等，2018）。

为了研究烃氧化菌最适宜的酸碱度及pH值变化对烃氧化菌的影响，本书在实验室设置了5个不同pH值区间，来研究不同pH值与丁烷氧化菌值的关系。

1. 材料与方法

（1）用HCl和NaOH调节pH值，采用精密pH计测量pH值，配制不同pH值的培养基，pH值分别为5.0，6.0，7.0，8.0，9.0。

（2）在培养基中加入0.4%的丁醇。

（3）分离出中性土壤中2种常见的丁烷氧化菌纯菌红球菌和链霉菌，分别制成菌液，按相同体积量加入到培养基中。

（4）放入30℃振荡培养箱振荡培养5d。

（5）测定微生物值。红球菌和链霉菌用血球计数板进行计数。

2. 结果与讨论

环境酸碱度对2株不同菌种的影响见图4-14。在经过4~5天的振荡培养后，5种pH值环境下红球菌和链霉菌均可以生长，只是数量上有所变化。2种丁烷氧化菌数值随pH值大小变化表现出相似的特征，均呈现出单峰形态，在pH值为7.0左右的中性环境下，丁烷氧化菌数值最大，而环境偏酸性或者偏碱性，丁烷氧化菌数值都有所降低。因此，在实验室环境下，红球菌和链霉菌2种丁烷氧化菌在中性环境下活性最高，酸性或碱性环境下均会导致微生物值的降低。

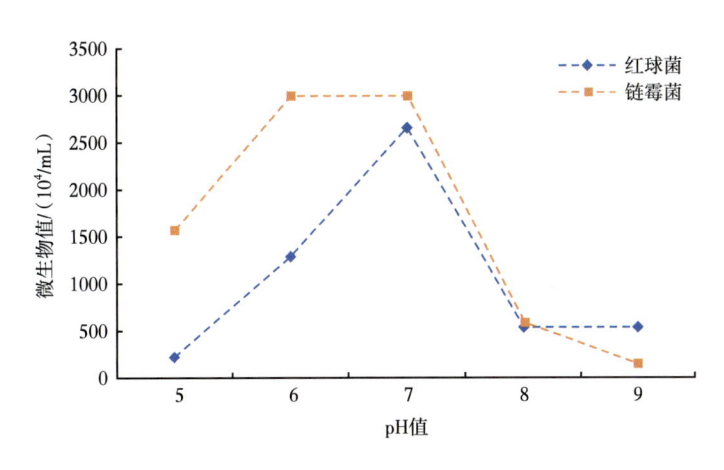

图4-14 链霉菌生长速率与pH值关系图

然而，由于自然界丁烷氧化菌种类众多，有喜酸性也有喜碱性的丁烷氧化菌，且野外土壤环境更为复杂，不同的土壤环境，优势的丁烷氧化菌会有所不同。为了进一步验证丁烷氧化菌在油田区酸性和碱性土壤中的生长情况，选取在滇黔北昭通森林地貌和吐哈盆地YT1井区戈壁地貌，分别开展了pH值与微生物值的关系研究。

(1)滇黔北坳陷威信凹陷酸性土壤研究区：

滇黔北坳陷威信凹陷研究区地处云贵高原东北部，属落差较大的山地地貌，植被茂密，构造位置详见第二章第二节。本次研究选择在威信凹陷的大雪山背斜带东部构造圈闭上方开展工作（图3-1），地貌均为森林，地质条件一致。共采集微生物土壤样品343站，土壤样品pH值波动较大，数值分布在3.9~8.7之间，平均值为5.2，以酸性土壤为主。

丁烷氧化菌检测结果显示，微生物值数值范围为0~405CFU，大部分样品可以检测到丁烷氧化菌值，微生物值均值54CFU，有38个样品的微生物值为0，pH值均小于5。经统计，pH值大于5的样品为135个，占到总数的39%，pH均值为6.3，微生物值均值为107CFU，中位数为85CFU；pH值小于5的样品为208个，占到总数的61%，pH均值为4.5，微生物值均值为20CFU，中位数为6CFU。pH值大于5的样品微生物值均值和中位数值分别为pH值小于5样品的5.35倍和14.17倍。由微生物值与pH值的关系图可见（图4-15），在pH值小于5的区间内，微生物值存在明显的下降趋势。对于pH值小于5的样品，将pH值与微生物值作泊松相关性分析，结果显示，微生物值与土壤pH值泊松相关性为0.41，显著性P值（双尾）为8.43×10^{-10}（P＜0.01），表明pH值小于5的样品微生物值与pH值存在相关性，且置信度高。pH值的降低抑制了丁烷氧化菌的生长，是研究区丁烷氧化菌数量的环境影响因素之一。

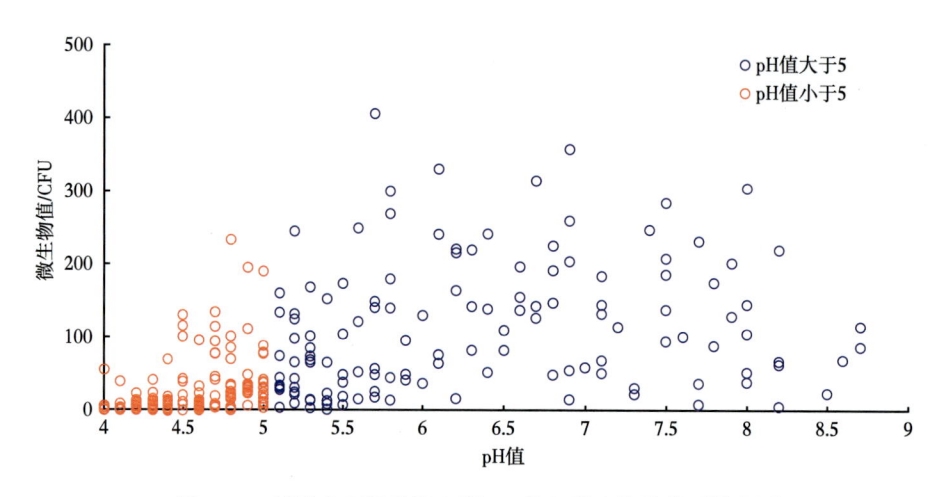

图4-15 滇黔北昭通酸性土壤pH值与微生物值关系散点图

（2）吐哈盆地YT1井区碱性土壤研究区：

吐哈盆地YT1井区位于新疆维吾尔自治区吐鲁番市鄯善县境内，构造位置详见第二章第二节。该区地貌以戈壁为主，局部存在盐碱地，是典型的碱性土壤，共采集微生物土壤样品448站。

研究区土壤样品pH值检测结果指示，pH值波动较小，数值分布在7.9~10.2之间，呈碱性，平均值为8.9，其中pH值大于10的样品有7个（图4-16）。由微生物值与pH值的关系图可见，在不同的pH值区间，均可检测到丁烷氧化菌。对pH值与微生物值作相关性分析，结果表明，土壤中微生物值与pH值泊松相关系数为-0.18，显著性P值（双尾）为2.58×10^{-62}（P＜0.01），说明本区土壤微生物值与pH值相关性偏低，且极显著。

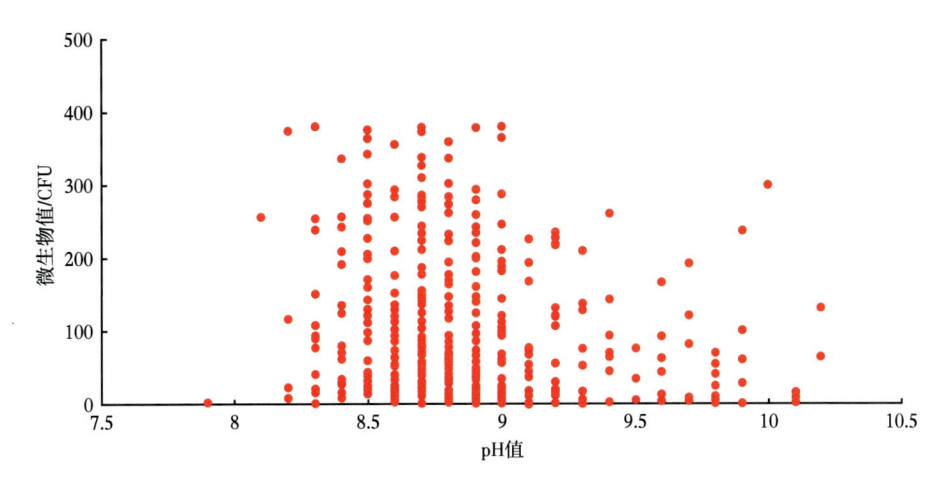

图 4-16　吐哈盆地 YT1 井区碱性土壤 pH 值与微生物值关系散点图

从图 4-16 可见，pH 值大于 9 的样品微生物值似乎有降低的趋势，但通过将 pH 值与微生物值开展相关性分析，二者泊松相关系数仅 0.02，无明显相关。仅在 pH 值大于 10 的区间内，可以见到丁烷氧化菌值有所降低。但由于该区间样品仅有 7 个，数量较少也可能是导致丁烷氧化菌值偏低的原因之一。

由上述 2 个研究区的实验结果可以看出，在正常 pH 值范围内，丁烷氧化菌均可以生长，存在最适宜生长的 pH 值环境。但是，随着土壤环境的不同，最佳 pH 值区间也不同，不能一概而论。在 pH 值小于 5 或者 pH 值大于 10 的偏酸性或偏碱性环境中，丁烷氧化菌并非无法生长，只是其数值和活性可能会受到较大影响。在样品采集和检测时，应避免采集此类样品。此外，尽量挑选 pH 值区间相近的样品做分析，避免 pH 值变化过大对微生物值造成的影响。

三、含水率

微生物的存活和生长需要一定的水分。Ligi 等（2013）的研究表明含水率的差异会影响反硝化细菌的数量和结构，也是湿地反硝化细菌最明显的环境影响因素。刘岳燕等（2006）发现水稻田微生物结构和多样性等会因水分条件的差异而发生显著变化。Rosacker 等（1990）研究发现草地土壤遭受持续干旱时，微生物数量会大幅降低。Striegel 等（1992）研究发现沙漠地区降水后甲烷氧化的速率在两天内上升了 2.5 倍。

烃氧化菌的生长过程离不开水，代谢物质的传递与转移也需要水的参与。含水量的增加会提高微生物氧化烃类物质的速率，其数量也会有所增加。但 Unger 等（2009）的研究表明，长期水淹的地区微生物结构会发生变化，且微生物丰度会降低。

为了研究含水量对烃氧化菌数量的影响，本书在实验室开展了含水率与微生物值关系的分析工作。大部分土壤的含水率在 30% 以内，除了一些特殊环境，如靠近湖泊、沼泽等地区的样品含水量通常会偏大，大多以 20% 以下为主，25% 以上含水量的样品即可出现明显渗水的现象，对此类样品通常参照海洋沉积物样品，采用液体培养法进行微生物检测。陆上通常避免采集含水量大于 25% 的样品。因此，选择在 0~30% 范围内以 5% 为间隔，观察微生物含量的变化。由于目前对含水率与甲烷氧化菌的研究成果相对较多，因此，本书也设置了对照实验，对比研究甲烷氧化菌、丁烷氧化菌在不同含水率情况下的变化特征。

1. 材料与方法

（1）选取青海省南部乌丽研究区微生物异常值样品1份，测定微生物值为184CFU，将样品置于25℃培养箱中风干2天，以40目筛过筛获得粒度均匀样品490g。

（2）将过筛后的土壤样品分为7份，每份称量70g，分别置于7个厌氧瓶中，并在厌氧瓶中加入不同体积的无菌水，加入量分别为0mL、3.5mL、7mL、10.5mL、14mL、17.5mL、21mL，从而获得厌氧瓶中土壤的含水量依次为0%、5%、10%、15%、20%、25%、30%。

（3）取不同含水量样品各10g采用平板检测法测定微生物值，实验流程见第三章第一节。

（4）将制备好的不同含水量样品中通入甲烷和正丁烷各1mL。

（5）将样品置于16℃培养箱中放置13d。

（6）测定13d后不同含水量样品的微生物值。

2. 结果与讨论

通过不同含水量土壤样品测试实验可以看出，甲烷氧化菌差值（ΔMMV）和丁烷氧化菌差值（ΔBMV）所表现出的规律较一致，均表现出单峰的特征，可分为三个阶段（表4-2，图4-17）：①当土壤含水量为0%时，由于环境中缺水，造成了土壤中烃氧化菌含量降低；②随着含水量的增加，烃氧化菌数值增加。在含水量10%时达到峰值，甲烷氧化菌和丁烷氧化菌的增量分别为47CFU和38CFU。在10%~25%区间内，增速有所减缓；③当土壤含水量为25%~30%时，土壤样品中的烃氧化菌的值也出现降低的趋势。

表4-2　不同含水量样品的微生物变化值

含水率/%	ΔMMV/CFU	ΔBMV/CFU
0	−19	−39
5	10	25
10	47	38
15	17	20
20	6	14
25	−12	1
30	−7	−7

侯翠翠等（2012）研究发现，水分的增加会对常年积水湿地微生物的活性产生抑制作用。张洪霞等（2017）也认为增加土壤含水量会提高微生物的数量与活性，但超过一定的含量，微生物又会随着含水量的升高而降低，这可能是由于过多的水分如水淹环境降低了氧气的含量，从而导致了微生物的降低。

因此，烃氧化菌的活性和数量会随着水分的增加而增加，但并非含水量越大微生物值增长越快，而是到达某个值时，微生物生长速率最大。过低或过高的含水量会导致烃氧化菌数量的降低。

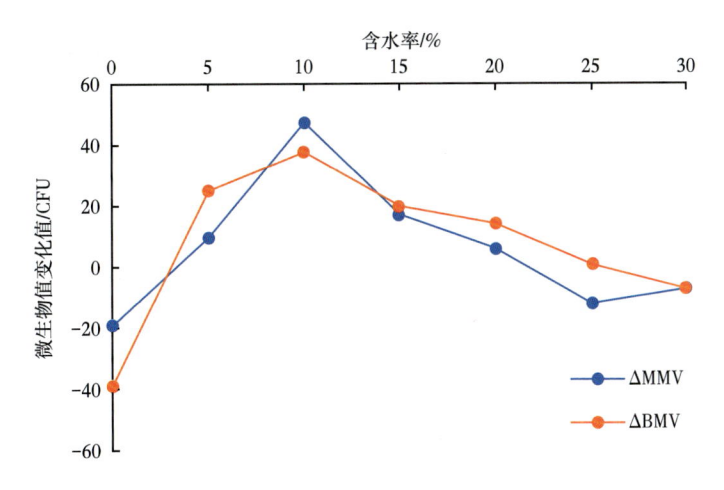

图 4-17 不同土壤含水率与微生物值变化量关系图

四、土壤类型

依照 GB/T 31456—2015《石油与天然气地表地球化学勘探技术规范》对土样野外定名方法的规定，将土壤类型分为砂土、亚砂土、亚黏土和黏土四种。为了满足地质条件相近、地貌单一、土壤物理化学性质波动较小的条件，本书选择在羌塘盆地昂达尔错地区开展微生物值与土壤类型的相关性研究。

羌塘盆地昂达尔错研究区位于南羌塘坳陷中部，发育中生代—新生代地层（表 4-3）。三叠系为海相与海陆交互相，侏罗系为海相，在研究区内分布稳定；白垩系主要为河流相；古近系和新近系广泛分布，以山间或断陷盆地型沉积为主，具有生储盖条件，保存条件良好，是羌塘盆地油气资源勘探有利区带之一。

表 4-3 羌塘盆地昂达尔错地层单元划分表

系	统	组
第四系	全新统	
	更新统	
新近系		康托组 Nk
古近系	渐新统	纳丁错组 E_3n
	始新统	
白垩系	上统	阿布山组 K_2a
侏罗系	上统	索瓦组 J_3s
	中统	夏里组 J_2x
		布曲组 J_2b
		莎巧木组 J_2q
		色哇组 J_2s
	下统	曲色组 J_1q
三叠系	上统	索布查组 T_3s 和 J_1s

该区地貌均为草地，人为扰动小。本书共采集样品466个，土壤物理化学性质检测结果显示，所有样品含盐度均较低，最大值3g/kg，最小值0，均值为1.3g/kg；pH值为7~7.5，呈弱碱性；含水率在10%~12%之间。物理化学性质数值波动很小，未见明显环境影响因素。按照砂土、亚砂土、亚黏土和黏土四种土壤类型对样品进行微生物值统计，各土壤岩性样品微生物值平均值接近（表4-4），微生物值数值均呈现离散状分布（图4-18），并未表现出某种岩性样品整体偏高或偏低的现象，表明微生物值与土壤类型无明显的相关性。

表 4-4 羌塘盆地昂达尔错各土壤类型微生物值数据统计表

研究区	地貌	土壤类型	数量	最小值/CFU	最大值/CFU	平均值/CFU
羌塘盆地昂达尔错	草地	砂土	303	0	134	21
		亚砂土	146	0	159	29
		亚黏土	11	1	62	22
		黏土	6	0	68	24

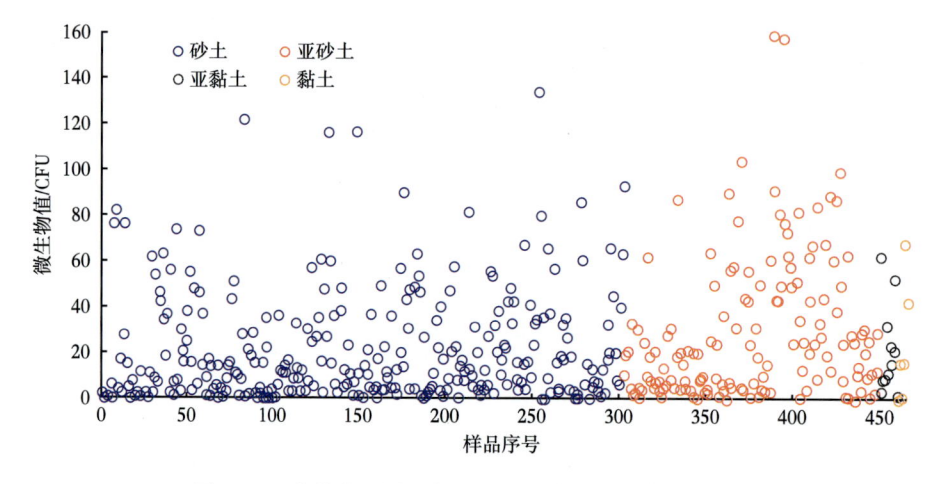

图 4-18 羌塘盆地昂达尔错微生物值与土壤类型关系图

综上所述，丁烷氧化菌在土壤中的丰度会受到土壤物理化学性质的影响。其中，无论在野外取样还是在实验室对纯菌的检测中，在高盐度情况下，均可以见到丁烷氧化菌随盐度升高而降低的明显趋势，因此，土壤盐度是影响丁烷氧化菌值的主要因素之一。土壤中pH值、含水率等因素也会对丁烷氧化菌值造成影响，存在最佳的微生物生长区间，但不同的土壤环境，区间范围有所不同。通常来说，正常的pH值、含水率区间土壤物理化学性质并不会对丁烷氧化菌值造成明显影响，但土壤中pH值大于10或小于5、含水率过高或过低等特殊环境，对丁烷氧化菌会有较大的抑制作用，应避免采集此类样品，或需要对其进行有效的环境影响因素校正。砂土、黏土等不同土壤类型并不会对丁烷氧化菌生长造成明显影响。

第五章　圈闭含油气性检测应用

基于对烃氧化菌含量控制因素和微生物油气检测新方法，本书针对吐哈盆地玉北构造带已识别的圈闭目标开展微生物油气检测研究。结果表明，微生物油气检测技术可起到快速、有效区分有效圈闭与无效圈闭，降低勘探风险的作用。此外，本书采用微生物油气检测技术在南海深水开展圈闭油气检测研究，结果表明将微生物油气检测技术与地质、地球物理方法相结合，可为深海区分烃类与非烃气藏提供新的有效途径。

第一节　吐哈盆地优选有效圈闭实践

一、研究区概况

吐哈盆地玉北构造带 YT1 井区隶属于新疆维吾尔自治区吐鲁番市鄯善县，距离县城约 40km，勘探面积 40km^2。地貌以戈壁山地为主，北部有少量农田和村庄，构造位置详见第二章第二节。经过多年勘探实践，研究区已发现 2 套含油气系统，分别是以侏罗系煤系地层为主力烃源岩的上含油气系统和以二叠系桃东沟群为烃源岩的下含油气系统（图 5-1；苟红光等，2019）。

2012 年研究区钻探了 YB1 井，在二叠系试油获得自喷日产 40.48m^3 的工业油流，是吐哈盆地首次在二叠系获得高产工业突破。2019 年钻探的 YT1 井在二叠系梧桐沟组压裂获得低产轻质油，表明研究区二叠系可能具有较好的油气勘探潜力（图 2-2）。2020 年在研究区针对二叠系梧桐沟组圈闭拟钻探 YB16 井。本书利用微生物检测技术对该圈闭进行了钻前含油气性检测研究。

二、采样设计与实施

1. 采样设计

选取发现井 YB1 井、YB601 井为已知标定井，在井点处采用 36 点网格布设方式，测点间距 250m，共计 72 站。待评价勘探目标为岩性—构造圈闭，平面储层变化快，采用均匀网格布设方式，在 YT1 井断块圈闭上方采用 250m 测点间距，共计 126 站；在圈闭外围地区采用 500m 点间距，共计 139 站，预留工作量 100 站，总工作量 437 站（图 5-2）。

2. 样品采集与检测

样品采集采用两阶段实施：第一阶段，采集已知标定井和待评价目标设计的 337 站样品，进行现场快速检测（MQS），快速获取微生物快检结果；第二阶段，针对检测目标区圈闭外围，第一阶段快检中获得的微生物异常带加密采样，落实快检微生物异常带的可靠性，加密后测点间距 250m，样品采集深度 20~25cm，质量不少于 150g。

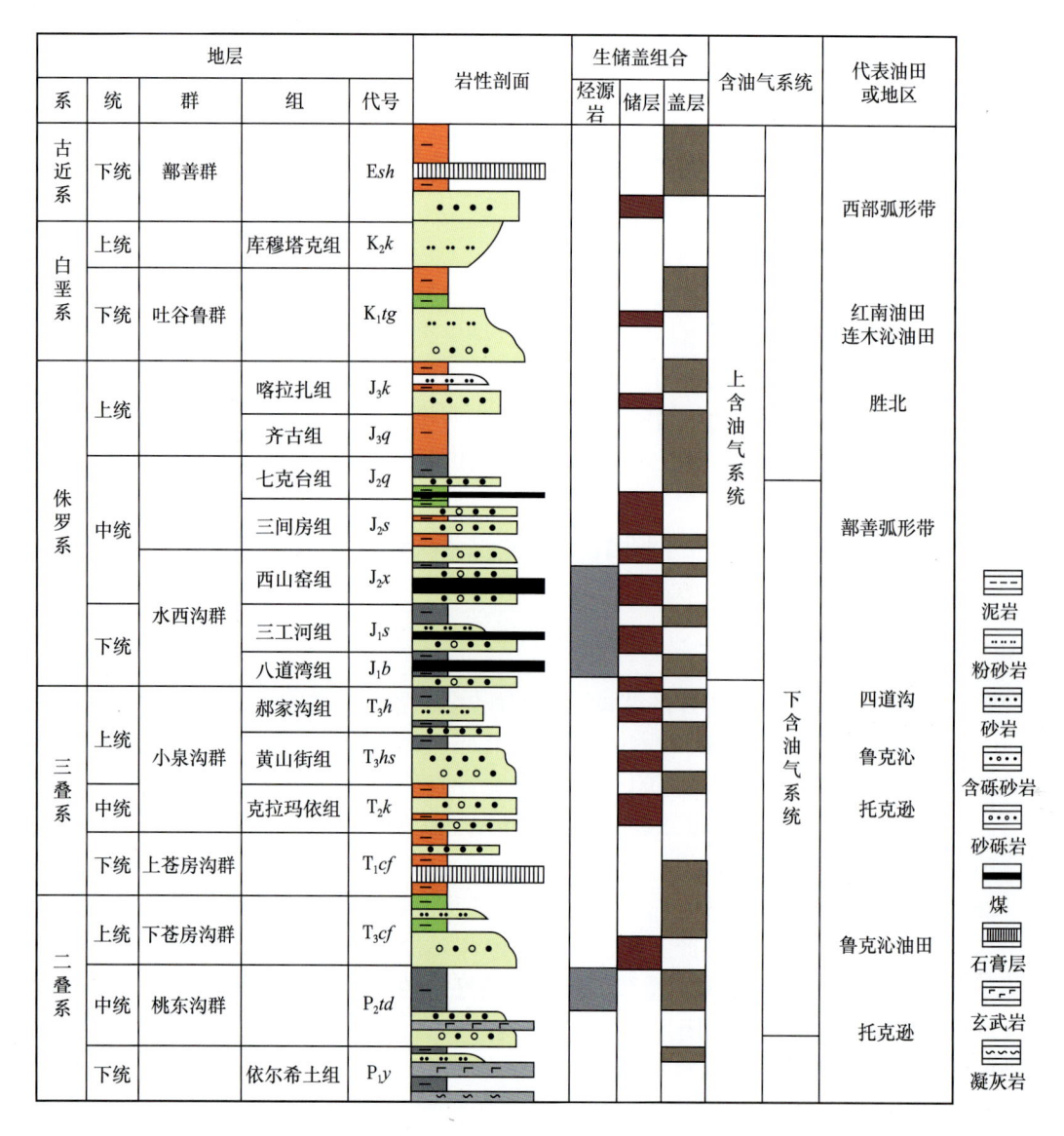

地层					岩性剖面	生储盖组合			含油气系统	代表油田或地区
系	统	群	组	代号		烃源岩	储层	盖层		
古近系	下统	鄯善群		Esh						西部弧形带
白垩系	上统		库穆塔克组	K₂k					上含油气系统	
	下统	吐谷鲁群		K₁tg						红南油田 连木沁油田
侏罗系	上统		喀拉扎组	J₃k						胜北
			齐古组	J₃q						
	中统		七克台组	J₂q						鄯善弧形带
			三间房组	J₂s						
		水西沟群	西山窑组	J₂x						
	下统		三工河组	J₁s					下含油气系统	四道沟 鲁克沁 托克逊
			八道湾组	J₁b						
三叠系	上统	小泉沟群	郝家沟组	T₃h						
			黄山街组	T₃hs						
	中统		克拉玛依组	T₂k						
	下统		上苍房沟群	T₁cf						
二叠系	上统		下苍房沟群	T₃cf						鲁克沁油田 托克逊
	中统		桃东沟群	P₂td						
	下统		依尔希土组	P₁y						

图例：泥岩、粉砂岩、砂岩、含砾砂岩、砂砾岩、煤、石膏层、玄武岩、凝灰岩

图 5-1 吐哈盆地 YT1 井区地层综合柱状图（张文昭等，2021）

实际采样过程中，网格区东南部 YB601 井区有 32 站设计点位（约为 3.2km²），由于采样安全及微生物样品采集要求的限制，无法采到满足样品检测的合格土样，因此将剩余的 32 站作为预留工作量，在第二阶段样品采集中作为加密样，因此第一阶段实际采集样品数量为 305 站（图 5-2）。

三、现场快速检测结果

现场快速检测结果如图 5-2 所示，YT1 井上方 MQS 值较低，仅北部分布有微生物异常值；YB1 井上方 MQS 异常值集中分布，MQS 结果与已知钻探成果基本吻合。YT1 圈闭外围微生物异常与背景区分明显，受采集密度影响，异常分布较为分散。存在两个潜在

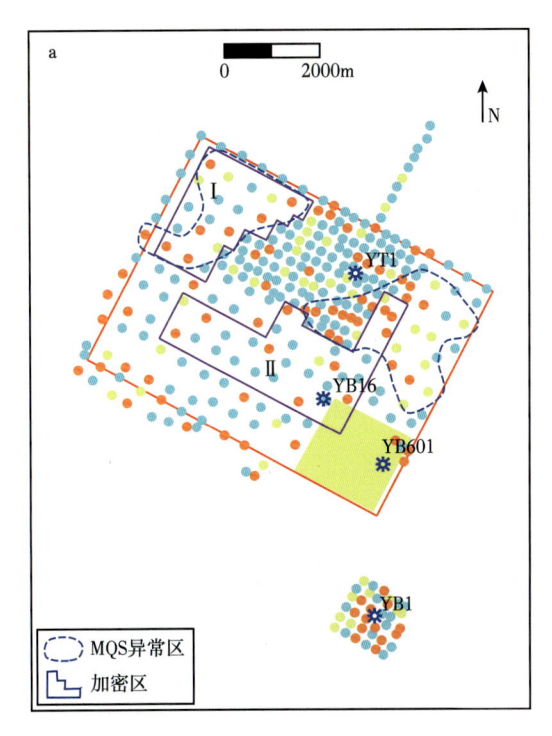

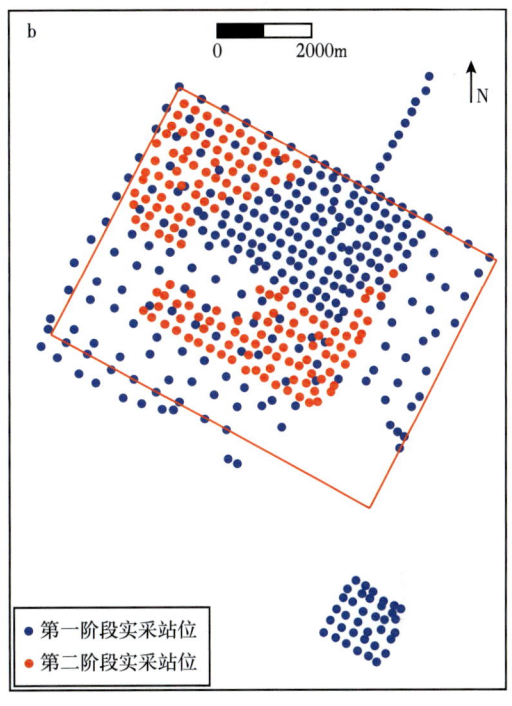

图 5-2　微生物现场快速检测（MQS）成果（a）及第二阶段加密方案（b）

有利区，分别位于 YT1 井的西部和 YB16 井的北部。根据 MQS 和构造解释成果，形成具体加密方案：①Ⅰ号加密区：MQS 结果指示有明显微生物异常特征，但是，构造位置相对较低，需要确认 MQS 指示的微生物异常区的可靠性，并开展更多的分析研究。因此，选择将本区测点间距加密至 250m×250m，加密点位数 59 站（图 5-2）；②Ⅱ号加密区：在构造高部位发育零星异常，重点检测拟钻探井位 YB16 井的含油气性，同时兼探西边低部位的含油气性。因此，选择在本区同样将点间距加密至 250m×250m，加密点位数 84 站（图 5-2）。第二阶段实际采集样品 143 站，采用组合采集方式取样，详细成果见第二章第二节。

四、影响因素分析与环境校正

微生物数据会受到地表环境等因素的影响，因此在开展微生物数据研究之前，需要对微生物数据进行影响因素分析，尽量压制环境因素对微生物数据产生的影响。本书从人为因素（采样人）、地貌和土壤物理化学性质等方面开展影响因素研究。

1. 人为因素

本次研究共有 3 个样品采集小组，从采集人与微生物值的统计关系分析，认为各采样人的数据结构特征较相似，采集人与微生物值无相关性，无明显人为采集痕迹（图 5-3）。

2. 地貌

研究区地貌区分明显，北部 A 为农田，南部 B 为戈壁（图 5-4）。农田样品数 66 个，戈壁区 382 个。在正式实验检测前，首先开展了检测稀释度试验，数据显示农田与戈壁微生物值存在显著差异，农田区的微生物值远高于戈壁区（图 5-5）。因此，在实验室对农田和戈壁样品分别采用不同的稀释度检测，将其数值校准为可对比的同一级别（图 5-6），校正后的农田区和戈壁区微生物值数据特征相近。

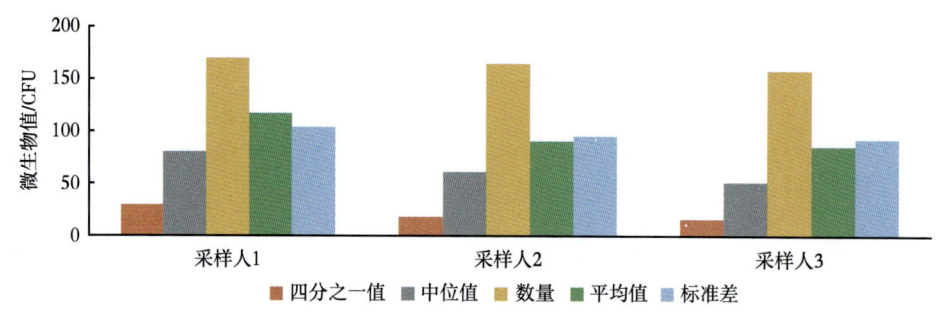

图 5-3 采样人与微生物值相关性图

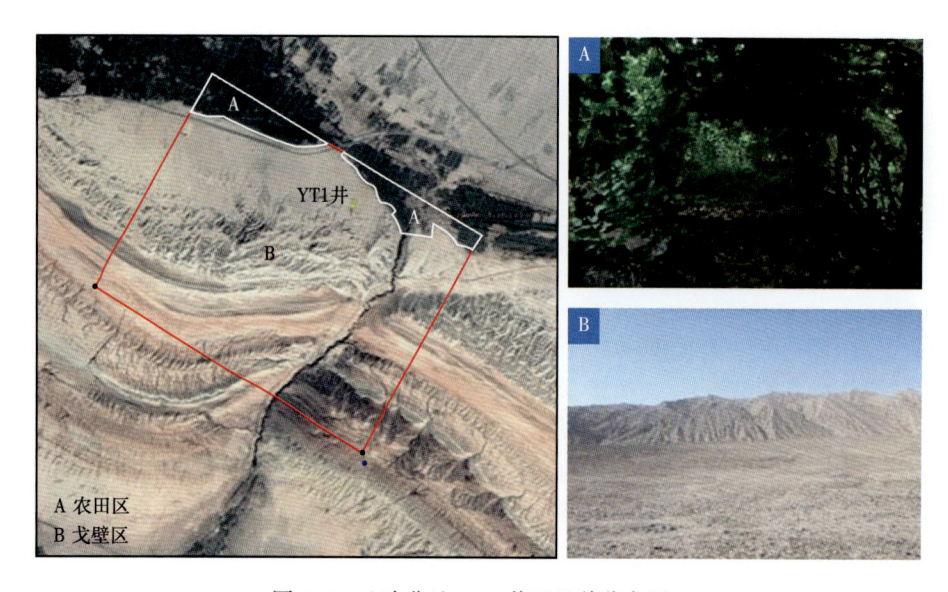

图 5-4 吐哈盆地 YT1 井区地貌分布图

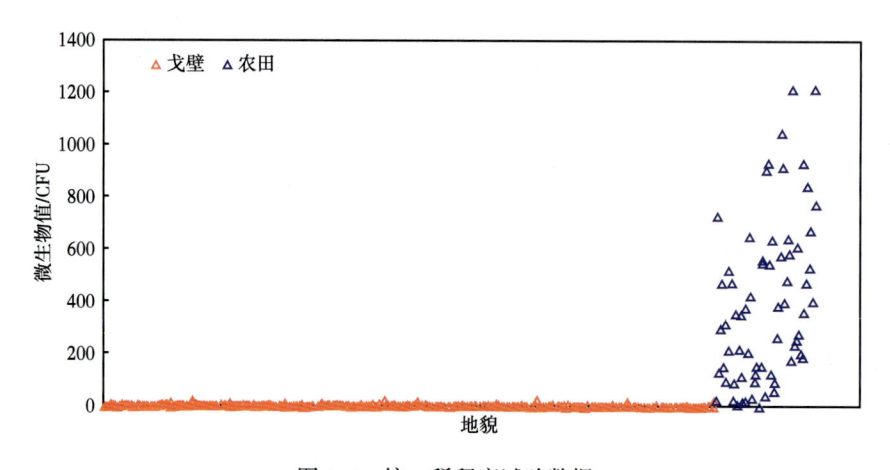

图 5-5 统一稀释度试验数据

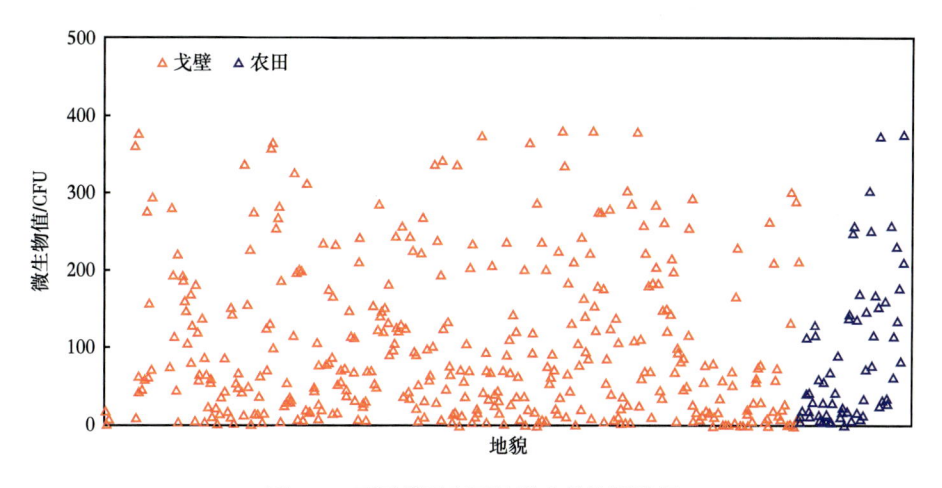

图 5-6　不同稀释度下的微生物检测数据

3. 土壤物理化学性质

土壤的含盐量、pH 值和含水率均可能对烃氧化菌的生长产生影响。因此，针对 YT1 井区，在地貌校正的基础上，开展土壤物理化学性质与微生物值关系研究。

（1）土壤盐度对微生物值的影响：

研究区土壤样品盐度值范围为 0.8~127g/kg，平均值 12.8g/kg，约 92% 的样品含盐度分布在 0.8~30g/kg 之间。其中，农田区样品盐度较低，分布范围为 0.8~10g/kg，高盐度样品均位于戈壁区，地貌与盐度的相关性极高。

经地貌校正后，将微生物值与含盐度作相关性分析可见，盐度小于 30g/kg 的样品微生物值呈离散状分布，数值高低差异大，并未受到明显的影响。表明经过地貌校正后，已基本消除了含盐度对烃氧化菌的影响，仅盐度大于 30g/kg 的 36 个盐土样品，微生物值受盐度影响明显（图 5-7）。由于该部分微生物样品较少，不具有独立处理的统计学意义，且平面上呈分散分布，对工区整体的微生物成果影响较小，因此，在本书中未作进一步校正处理。

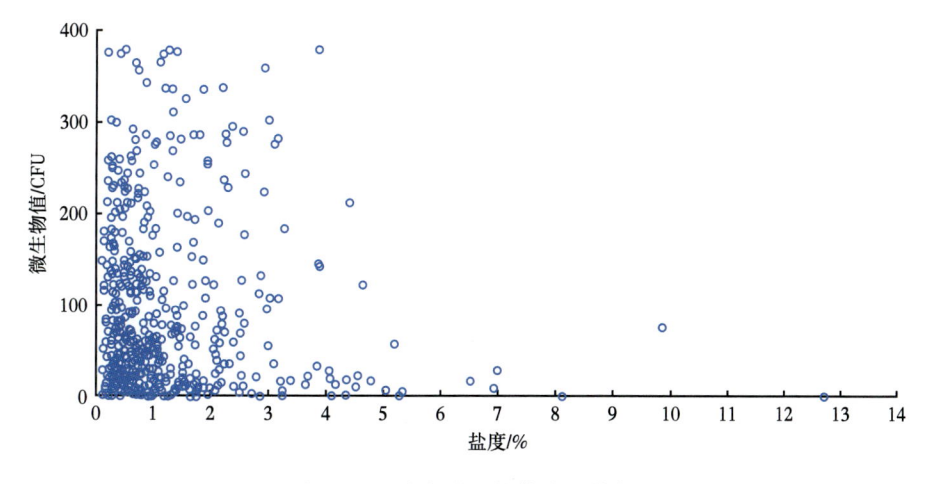

图 5-7　盐度与微生物值关系散点图

（2）土壤pH值对微生物值的影响：

研究区土壤pH值与微生物值的关系详见第四章第二节。土壤样品pH值较稳定，范围为7.9~10.2，其中仅有7个样品（pH>10）的微生物值可能会受到高pH值的影响（图5-16），其余样品的微生物值与pH值不存在相关性，无需进行环境校正处理。

（3）土壤含水率对微生物值的影响：

研究区土壤含水率分布在0~18.5%之间，均值1.4%。农田和戈壁地貌含水率存在显著差异，戈壁区含水率较低，均值仅为0.6%，多数含水率在2%以内，分布集中且稳定；农田区含水率均值6%，是戈壁区的10倍，且含水率数据偏差较戈壁区大。由微生物值（经过地貌校正）与含水率散点图可见（图5-8），虽然戈壁区和农田区土壤含水率差别较大，但土壤微生物值未受到含水率影响，两者数据具有可对比性，无需对含水率做校正处理。

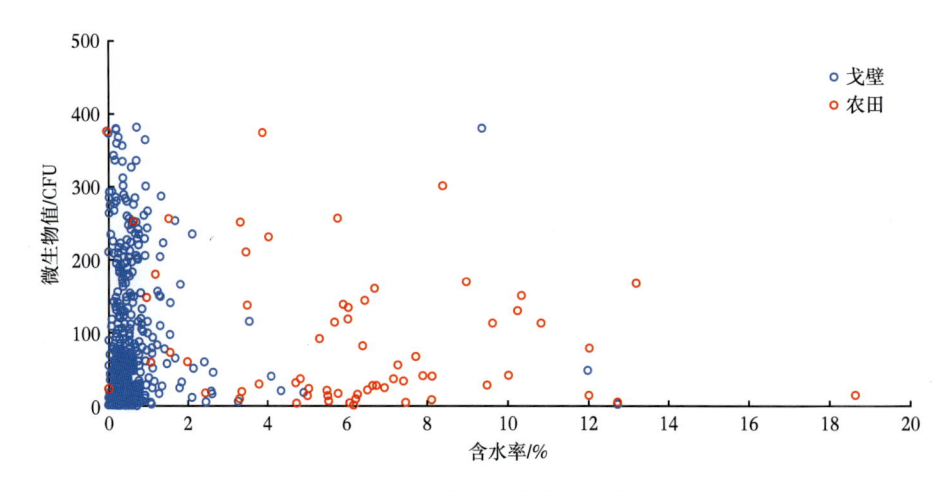

图5-8 含水率与微生物值关系散点图

所以，研究区微生物值主要受地表地貌和高盐度、高pH值的影响。这与笔者在新疆地区多次微生物油气检测实践得出的结论较一致。针对两种地貌的微生物原始数据进行了分区环境校正，校正前后的成果见图5-9。对校正后的微生物值进行土壤物理化学性质分析，认为经过地貌校正后的数据，除少量样品数值受到高盐度和高pH值的影响之外，大部分样品的微生物值与土壤物理化学性质无明显相关性。

研究区内已知YB1井为油井，日产油44m³，原油地面密度0.86g/mL³，黏度为43mPa·s（30℃），含蜡量22%；YT1井为显示井，见少量稀油。由原始微生物油气检测成果图可见，YB1井上方的微生物值以背景值为主，与钻井实际情况不符，无法区分YB1井和YT1井的含油气性差异。经地貌校正处理后的微生物检测结果，指示在YB1井上方以高异常值为主，YT1井上方则为低值和背景值，与2口井的钻探结果相吻合，微生物数据分辨率提高，证实环境影响因素校正方法的有效性，使微生物成果更能反映地下的油气渗漏特征。

五、丁烷氧化菌培养法分析结果

对校正后的微生物值进行数理统计：微生物最小值为0CFU，最大值为380CFU，平均值为95CFU，标准偏差为96CFU；背景数据（低于微生物值均值）的平均值为34CFU，标准偏差为28CFU。

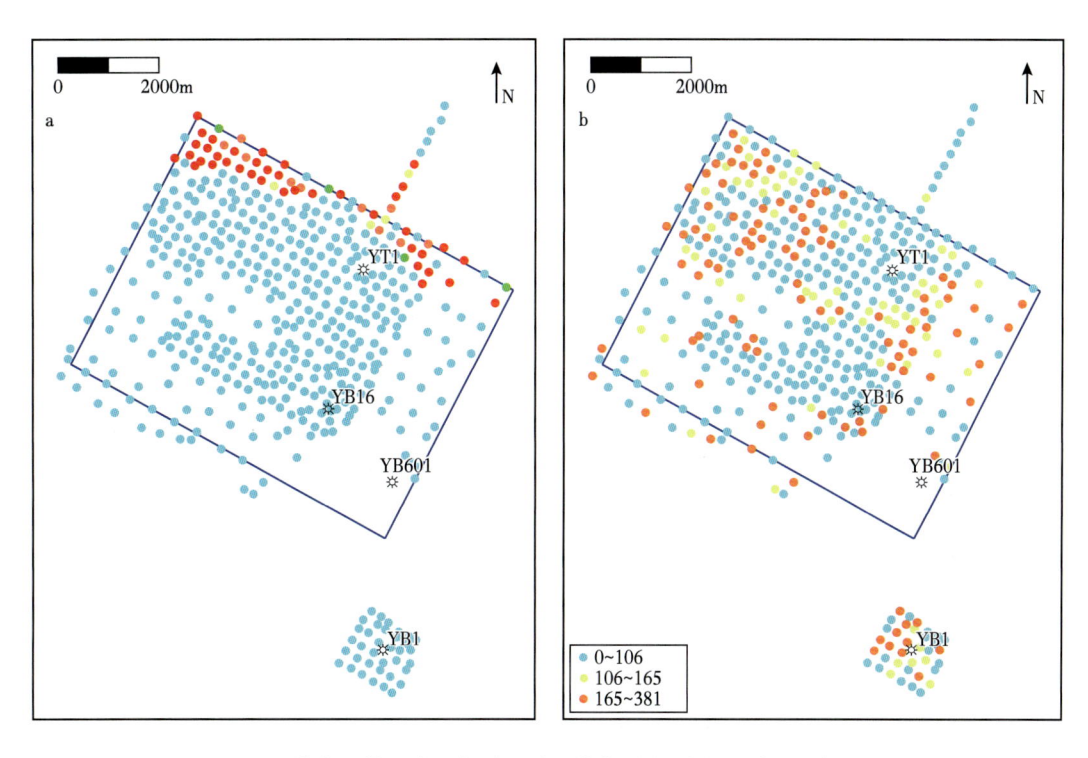

图 5-9 环境校正前后微生物平面对比分布图（a 为校正前，b 为校正后）

以已知井上方的微生物值作为标定辅助划分微生物异常值与背景值的门槛。根据数据统计，YB1井（油气井）上方9个点微生物值均值为130CFU，YT1井（显示井）上方9个点微生物值均值为47CFU，因此初步判断微生物门槛值应在48~129CFU之间。综合数理统计方法、频率直方图法和正演井标定法，最终确定YT1井区微生物门槛值为106CFU（黄色下限），见表5-1。

由微生物值平面分布图可见（图5-10），微生物异常区与背景区分区明显，表明本区存在油气富集区和非富集区。微生物成果指示存在2个微生物异常区：①号异常区位于研究区西北部，②号异常区在东北部，异常区总面积约10.4km²，占研究区总面积约25%。其他区域以微生物低值和背景值为主，局部分布零散的异常值。

表 5-1 微生物值异常分级表

YT1 井区		数值区间 / CFU	地质含义
异常区	橙色（高异常）	165~380	油气富集区
	黄色（低异常）	106~164	含油气区
背景区	蓝色（背景区）	0~105	油气显示或无显示

按照异常区面积、异常值强度、异常值比例和异常区落实程度4个维度，对2个异常区进行评价：①号微生物异常面积为4.6km², 微生物均值为161CFU, 异常占比73%, 高异常比例为50%, 微生物异常值较连续, 采样点间距为250m×250m。该异常区均值远高于门槛值，中高异常比例高，异常区可靠度高；②号微生物异常面积约5.8km², 均值为189CFU, 异常占比85%, 其中高异常占比47%。该异常区虽然微生物异常均值高，中高异常比例高，但500m×500m的采样点间距偏大，异常区落实程度较①号略低（表5-2）。

微生物油气检测成果指示，正钻井YB16井上方主要为微生物背景区，仅南部分布零星异常值，微生物值均值仅为50CFU, 远低于门槛值106CFU, 表明YB16井上方烃类微渗漏强度较低，具有较大勘探风险。2021年4月，YB16井裸眼完钻，完井深度5200m, 主要目的层梧桐沟组岩性为细砂岩，物性较差，测井解释为干层，未测试，钻探结果为干井。此结果与微生物检测结果一致，验证了微生物油气检测成果的可靠性。

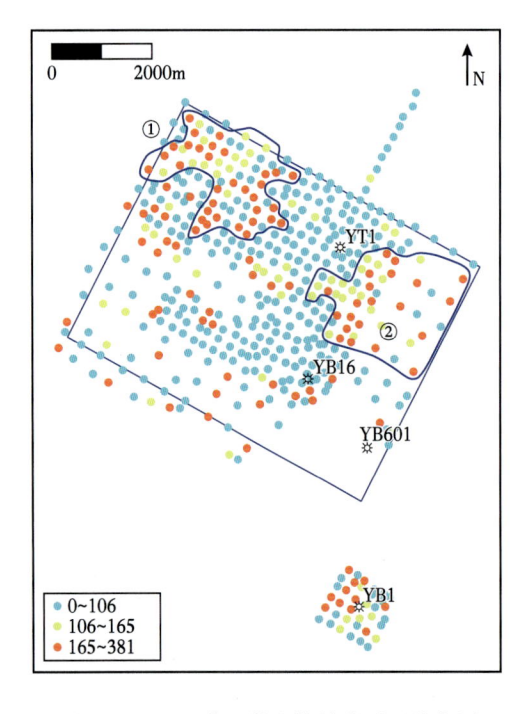

图 5-10　YT1井区微生物异常平面分布图

表 5-2　YT1井区微生物异常区统计表

编号	类型	采样间距	异常面积/km²	异常比例/%	高异常比例/%	微生物均值/CFU
①	测网	250m×250m	4.6	73	50	161
②		500m×500m	5.8	85	47	189

六、土壤吸附烃检测结果与保存条件判别

由于研究区发育多组断裂，为了检测圈闭的保存条件，并判别流体性质，本书在MOST检测的基础上，挑选了75个微生物异常区样品进行土壤吸附烃（SSG）检测。

检测结果显示，轻烃组分以C_1为主，C_{2+}含量较低（75站样点分布位置见图5-11, 检测结果见表5-3）。甲烷（C_1）平均含量392mL/m³, 最大值812mL/m³, 最小值132.5mL/m³; 乙烷（C_2）平均含量27.5mL/m³, 最大值93.4mL/m³, 最小值5.8mL/m³; 丙烷（C_3）平均含量10.4mL/m³, 最大值40.7mL/m³, 最小值1.8ppm; 丁烷（C_4）平均含量8.1mL/m³, 最大值17.6mL/m³, 最小值1.4mL/m³。C_1—C_4组分总浓度平均为438mL/m³, 最大值982mL/m³, 最小值158mL/m³, 全部低于1000mL/m³, 且微生物异常区呈块状分布特征，说明研究区不存在宏渗漏现象。已识别的2个微生物异常区均符合保存条件检测模式1特征（详见第四章第三节），即高微生物值，低土壤吸附烃值，指示了较好的保存条件，具有良好的油气勘探潜力。

采用酸解烃经验图版判识油气性质，结果显示南部的 YB1 井主要表现为油的特征，与实际的钻探结果吻合。而北部的 2 个微生物异常区油气性质则以油和油气并存为主（图 5-12），自南向北油气性质具有从油向油气并存变化的趋势，反映研究区向凹陷方向油气成熟度增加的特征。

七、初步认识

第一阶段现场快速检测结果识别出的 2 个微生物有利区，为第二阶段样品加密采集提供了依据，快速检测识别的异常区与实验室检测结果一致，表明现场快速检测方法具有较好的适用性和有效性。通过在研究区开展环境因素研究，认为地貌是影响丁烷氧化菌值的最主要因素。通过地貌分区处理，对环境影响因素进行校正，经校正后的微生物数据特征与 YT1 井、YB1 井钻探结果基本吻合，并准确检测了 YB16 井的含油气性，验证了微生物油气检测结果的可靠性。

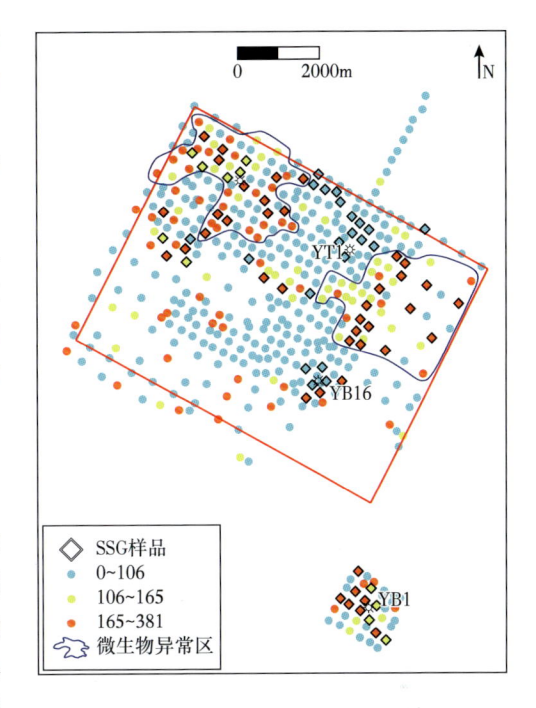

图 5-11 土壤吸附烃样点分布图

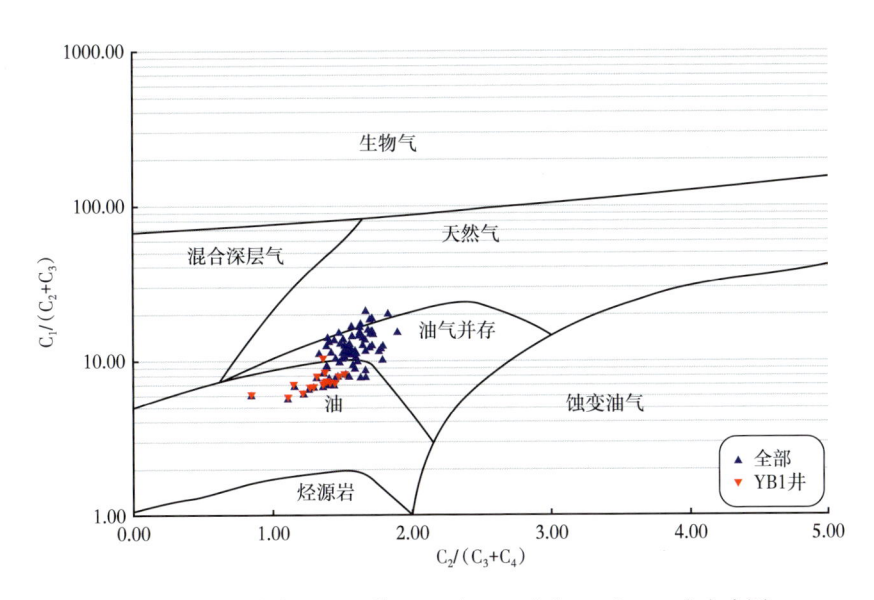

图 5-12 吐哈盆地 YT1 井区 $C_1/(C_2+C_3)$ 和 $C_2/(C_3+C_4)$ 交会图

综合微生物油气检测成果与地质认识，在 YT1 井外围识别出了 2 个有利目标，面积约 10.4km²，分别位于研究区的西北部和东北部，结合土壤吸附烃检测结果指示 2 个有利目标不存在明显的宏渗漏现象，表明微生物异常区下伏地层保存条件较好，具有较好的油气勘探潜力。

表 5-3 土壤吸附烃数值统计表

编号	C_1/(μL/L)	C_2/(μL/L)	C_3/(μL/L)	iC_4/(μL/L)	nC_4/(μL/L)	$C_{4\,SUM}$/(μL/L)	$C_1/\sum(C_1-C_4)$	$C_1/(C_2+C_3)$	$C_2/(C_3+C_4)$
1	323.94	30.34	12.12	3.99	4.95	8.94	0.86	7.63	1.44
2	305.39	27.24	10.83	3.32	3.88	7.20	0.87	8.02	1.51
3	373.76	26.87	10.32	4.26	5.21	9.47	0.89	10.05	1.36
4	325.90	28.33	11.35	4.12	5.21	9.34	0.87	8.21	1.37
5	301.48	29.25	12.25	4.12	4.68	8.80	0.86	7.27	1.39
6	274.78	25.22	10.32	4.12	4.81	8.94	0.86	7.73	1.31
7	581.15	61.42	25.40	10.24	11.76	22.00	0.84	6.69	1.30
8	456.78	47.71	19.60	7.45	8.16	15.60	0.85	6.79	1.36
9	458.08	47.16	19.08	6.25	7.35	13.60	0.85	6.92	1.44
10	132.51	11.88	10.44	1.86	1.87	3.73	0.84	5.94	0.84
11	291.39	29.79	11.86	4.12	5.08	9.20	0.85	6.99	1.41
12	481.52	49.72	20.63	7.45	8.29	15.74	0.85	6.84	1.37
13	385.48	20.47	6.83	2.53	3.07	5.60	0.92	14.12	1.65
14	353.25	15.90	5.54	1.73	2.54	4.27	0.93	16.47	1.62
15	451.89	29.43	11.22	3.99	4.28	8.27	0.90	11.12	1.51
16	435.62	21.75	7.48	3.46	3.88	7.33	0.92	14.90	1.47
17	421.94	23.76	8.51	3.32	3.88	7.20	0.91	13.07	1.51
18	498.45	24.31	8.77	3.06	3.07	6.13	0.93	15.07	1.63
19	304.41	13.53	4.64	1.60	2.41	4.00	0.93	16.75	1.56
20	407.62	16.45	5.42	1.73	2.54	4.27	0.94	18.64	1.70
21	483.48	27.60	10.06	2.79	3.88	6.67	0.92	12.84	1.65
22	357.80	15.35	5.29	1.73	2.41	4.14	0.94	17.33	1.63
23	316.46	17.18	6.06	1.99	2.27	4.27	0.92	13.62	1.66
24	372.13	24.31	8.90	2.93	3.34	6.27	0.90	11.21	1.60
25	371.15	14.81	4.77	1.46	2.41	3.87	0.94	18.96	1.71
26	349.99	20.47	7.35	2.13	2.54	4.67	0.92	12.58	1.70
27	417.71	27.42	10.06	4.26	5.21	9.47	0.90	11.15	1.40

续表

编号	C_1/(μL/L)	C_2/(μL/L)	C_3/(μL/L)	iC_4/(μL/L)	nC_4/(μL/L)	$C_{4\,SUM}$/(μL/L)	$C_1/\sum(C_1-C_4)$	$C_1/(C_2+C_3)$	$C_2/(C_3+C_4)$
28	165.07	10.97	4.13	1.99	2.14	4.13	0.90	10.94	1.33
29	488.68	31.07	11.48	2.66	3.48	6.14	0.91	11.48	1.76
30	318.08	17.18	5.93	2.26	3.21	5.47	0.92	13.76	1.51
31	277.06	17.36	5.80	2.26	2.94	5.20	0.91	11.96	1.58
32	464.27	28.70	12.12	2.93	3.61	6.54	0.91	11.37	1.54
33	247.44	17.55	6.06	3.46	2.67	6.13	0.89	10.48	1.44
34	269.57	13.53	4.38	1.99	2.01	4.00	0.92	15.05	1.61
35	418.69	27.97	10.06	3.59	4.14	7.73	0.90	11.01	1.57
36	204.46	10.78	3.74	1.73	2.27	4.00	0.92	14.08	1.39
37	331.43	18.28	6.45	2.93	3.74	6.67	0.91	13.40	1.39
38	519.61	44.05	15.47	4.92	6.02	10.94	0.88	8.73	1.67
39	195.67	14.26	5.03	1.73	2.27	4.00	0.89	10.15	1.58
40	228.88	14.44	5.29	1.46	1.87	3.33	0.91	11.60	1.67
41	648.21	61.42	21.41	7.71	8.82	16.54	0.87	7.83	1.62
42	484.45	39.30	14.44	6.52	7.49	14.00	0.88	9.01	1.38
43	366.59	32.90	12.77	3.99	4.55	8.53	0.87	8.03	1.54
44	782.68	27.78	9.41	3.19	4.01	7.20	0.95	21.04	1.67
45	392.31	24.68	9.16	3.19	4.01	7.20	0.91	11.60	1.51
46	457.43	33.45	12.25	5.05	5.21	10.27	0.89	10.01	1.49
47	419.66	24.86	9.16	2.53	2.94	5.47	0.91	12.34	1.70
48	591.89	34.55	12.77	4.79	4.81	9.60	0.91	12.51	1.54
49	403.06	23.40	8.64	3.99	4.28	8.27	0.91	12.58	1.38
50	482.50	34.36	13.28	4.39	4.81	9.20	0.89	10.13	1.53
51	457.75	21.02	7.22	2.26	2.94	5.20	0.93	16.21	1.69
52	257.85	14.81	5.42	2.26	2.27	4.53	0.91	12.75	1.49
53	401.11	19.74	6.58	1.73	2.14	3.87	0.93	15.24	1.89
54	293.34	16.09	5.54	2.39	3.21	5.60	0.92	13.56	1.44
55	283.57	14.81	5.03	1.99	2.41	4.40	0.92	14.30	1.57

续表

编号	C_1/ (μL/L)	C_2/ (μL/L)	C_3/ (μL/L)	iC_4/ (μL/L)	nC_4/ (μL/L)	$C_{4\,SUM}$/ (μL/L)	$C_1/\sum$ (C_1-C_4)	$C_1/$ (C_2+C_3)	$C_2/$ (C_3+C_4)
56	407.29	19.74	6.71	2.39	2.67	5.07	0.93	15.40	1.68
57	410.87	26.14	9.80	4.26	4.41	8.67	0.90	11.43	1.42
58	426.83	29.43	10.96	4.79	4.68	9.47	0.90	10.57	1.44
59	556.40	32.90	11.86	3.06	3.48	6.53	0.92	12.43	1.79
60	237.99	14.07	5.03	1.99	2.01	4.00	0.91	12.46	1.56
61	484.78	25.04	9.16	2.79	3.48	6.27	0.92	14.18	1.62
62	465.57	31.62	11.73	4.52	4.95	9.47	0.90	10.74	1.49
63	311.57	18.10	6.19	2.66	2.81	5.47	0.91	12.83	1.55
64	277.06	17.91	6.19	1.73	2.94	4.67	0.91	11.50	1.65
65	465.24	24.86	10.44	2.93	4.41	7.34	0.92	13.18	1.40
66	456.13	28.51	9.28	2.79	4.01	6.80	0.91	12.07	1.77
67	389.06	18.64	6.19	1.86	2.81	4.67	0.93	15.67	1.72
68	310.27	20.11	7.09	2.39	3.21	5.60	0.90	11.41	1.58
69	471.75	35.46	11.73	3.86	6.42	10.27	0.89	10.00	1.61
70	418.69	34.18	11.99	3.72	5.75	9.47	0.88	9.07	1.59
71	524.82	48.99	17.15	5.05	7.22	12.27	0.87	7.94	1.66
72	649.52	50.08	17.92	5.45	8.42	13.87	0.89	9.55	1.58
73	155.62	5.85	1.81	0.78	0.61	1.40	0.95	20.33	1.83
74	165.39	12.25	4.00	1.13	1.74	2.87	0.90	10.18	1.78
75	624.12	54.84	20.24	6.12	9.89	16.01	0.87	8.31	1.51

第二节　南海深水海域区分烃类与非烃气藏探索

含 CO_2 天然气藏遍布全球，主要分布在环太平洋区、欧亚大陆交界处、阿尔卑斯和大西洋等地壳活动地带（Zhu Y N，1997）。我国东部大陆及沿海的主要沉积盆地，如松辽盆地、渤海湾盆地、苏北盆地等，已发现 33 个 CO_2 气藏（田），含油气盆地内 CO_2 气藏较常见（陈红汉等，2017）。

南海海域油气资源丰富，自 20 世纪 60 年代以来已发现多个大—中型油气田，是我国海域勘探最重要的阵地之一。伴随油气勘探逐步从浅水向深水推进的阶段，在珠江口盆地、莺—琼盆地不同区域及不同层位均发现了 CO_2 等非烃气藏（Horvitz L，1980），迄今发

现的非烃气藏以 CO_2 和 N_2 为主，且深水区非烃气体充注风险比浅水区更大。

根据戴金星（1996）、何家雄等（2005）大量学者对 CO_2 和 N_2 成因类型的分类，南海北部 CO_2 可分为壳源型，幔源型，以及混合型三种类型；N_2 以大气成因、壳源有机成因及壳源有机—无机混合成因为主。幔源型气源断裂体系的展布、火山幔源脱气是控制 CO_2 成藏规律的两大主控因素。CO_2 气藏及高含 CO_2 油气藏的形成与基底深大断裂的沟通导气配置作用密切相关，气源比较单一；壳源型成因及壳幔混合型成因 CO_2 的形成及富集，主要受控于泥底辟热流体分期和分层的局部上侵活动，以及中新统—上新统巨厚含钙砂泥岩的物理化学综合作用。高 N_2 天然气（$N_2 > 15\%$）为壳源有机成因，常与低含量有机成因 CO_2 及低熟—成熟烃类气伴生，主要分布于莺歌海盆地中央泥底辟带浅层。低含 N_2、含 N_2 天然气，属于大气成因或壳源型有机—无机混合成因，多与无机幔源成因 CO_2 气共存，分布于珠江口盆地和琼东南盆地深大断裂周缘。各种构造条件下非烃气的类型和含量也有较大差异（Horvitz L，1980）。但通常来讲，非烃气在形成后，其运聚和成藏要素与油气相似，常伴生存在，两者的区分难度较大。

由于深水油气勘探具有高投入、高风险的特点，对钻探成功率和油气产量的要求比陆上及浅水要高得多，高含量的非烃气藏的存在将会大大降低深水油气勘探的经济效益。因此，亟需区分烷烃气和非烃气的有效方法。

一、微生物油气检测技术区分烃类与非烃气藏的优势

微生物油气预测技术检测土壤或海底沉积物中的专属烃类微生物的含量，是烃类存在的直接证据，该方法在陆域和海域均适用。对于海洋环境尤其是深水海域，海底沉积物受自然或人为因素的影响比陆地小，沉积物的物理化学性质更加稳定。

圈闭上方存在丁烷氧化菌的大量聚集，指示下伏地层可能存在活跃油气系统；圈闭上方未见微生物异常或微生物低异常，再结合顶空气和碳同位素分析气体的成分和成因，则可能指示圈闭内存在高含量的非烃气充注风险。微生物油气检测技术运用于海底油气勘探，具有取样便捷、成本低、周期快的特点。利用重力取样器可以准确地控制取样深度，以便取得高质量、高保真的微生物原状样品；实际应用中，1500~2500m 深度单个样品的取样平均耗时 0.5~1h，样品运输至实验室的检测时间为 2~3 周；且该技术的成本不足地震勘探法费用的六分之一。但该方法也存在一定局限性：一是并非直接检测非烃，难以判别非烃气的种类；二是无论对于烃类或非烃的检测均无法确定具体的层位。

二、多方法综合判别烃类与非烃新模式

通过常规的区域地质分析方法可以得到构造演化特征、气源条件、成藏规律等，在区带级别预测有利目标分布特征及流体性质。利用常规地震方法检测圈闭和属性分析方法预测流体特征，可以确定圈闭并识别圈闭是否含气。但由于运用的是物理方法，无法判别圈闭流体的性质（烃类或非烃）。

因此采用微生物油气检测技术，通过检测圈闭上方表层土壤或海底沉积物中专属烃类微生物的含量，可间接判断下伏圈闭是否存在烃类流体充注。如圈闭上方专属烃类微生物大量富集，则指示下伏圈闭无烃类富集或充注烃类；如圈闭上方专属烃类微生物不发育或低异常，则指示下伏圈闭内无烃类富集或充注非烃气。在烃氧化菌发育的情况下，结合

土壤吸附烃检测方法，可进一步分析吸附烃轻烃内组分特征，利用酸解烃图版判别油气性质；在专属烃氧化菌不发育或低异常情况下，可利用碳同位素分析、蚀变碳酸盐研究等地球化学方法，研究 CO_2 的成因和特征。因此将常规地质和地球物理手段与微生物烃检测技术结合，辅以地球化学勘探技术，可以有效区分圈闭流体性质是烃类还是非烃，并识别烃类油气特征及非烃成因特征（图 5-13）。

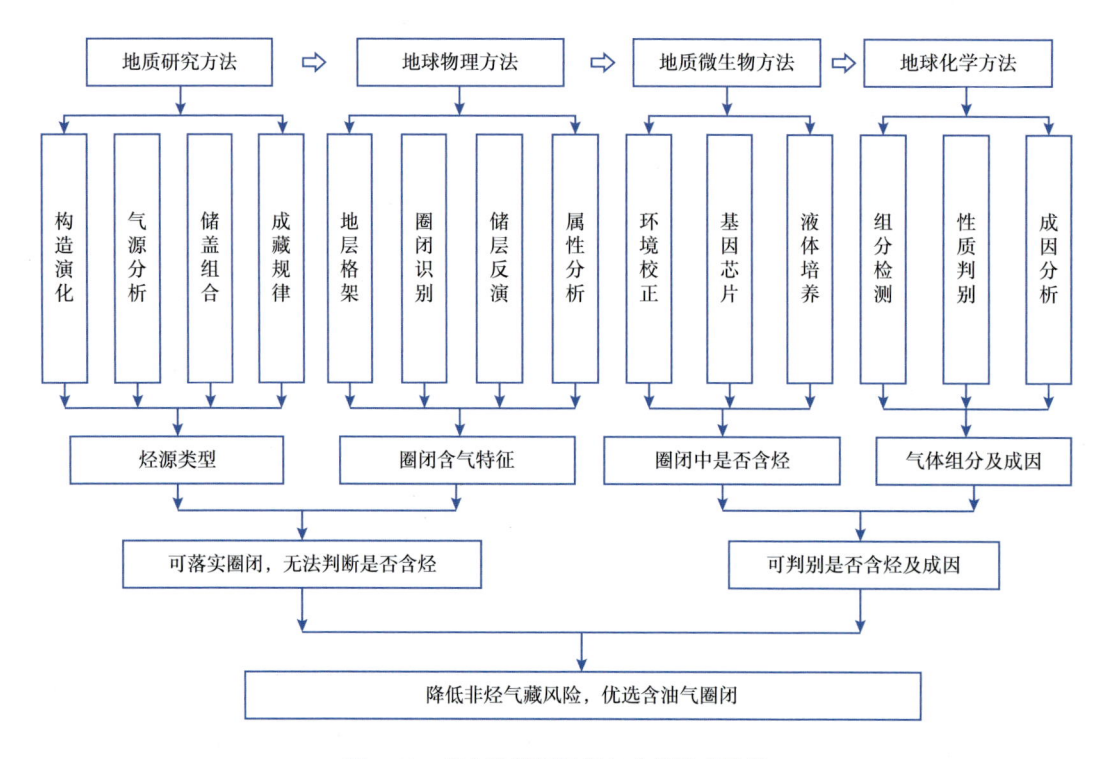

图 5-13　多方法判别烃类与非烃技术思路

三、珠江口盆地烃类与非烃气藏识别应用实例

珠江口盆地位于中国南海北部，是中国南海最重要的含油气盆地之一，包含五个一级构造单元。在二级构造单元白云凹陷 A 探区和云荔低凸起 B 探区分别开展微生物烃类检测研究（图 5-14；张文昭等，2021）。

A 探区位于白云凹陷东北部，水深约 800m，整体为一个构造脊，北部为大断裂与白云东凹相连，向南倾伏与白云主凹相连，长期处于构造古隆起部位，是油气运移的指向区。前期三维地震勘探已识别 A-1、A-2、A-3、A-4 四个目标，其中，A-1 构造已被 A-1-1 等 4 口钻井证实为有利的含油气构造。现以 A-1 构造为正演模型，评价其余几个目标的含油气性。采用平行测线式取样方式，点间距为 700m，线间距 1000m，共采集海底沉积物样品 236 站（图 5-15）。

样品采集流程包括先导航定位，随后采用采样直径 62mm 的海洋重力取样器取样，切割取出 20~25cm 柱状样品约 200g，分袋包装后在 -20~-18℃ 的冰箱中保存，直到样品运送到实验室。

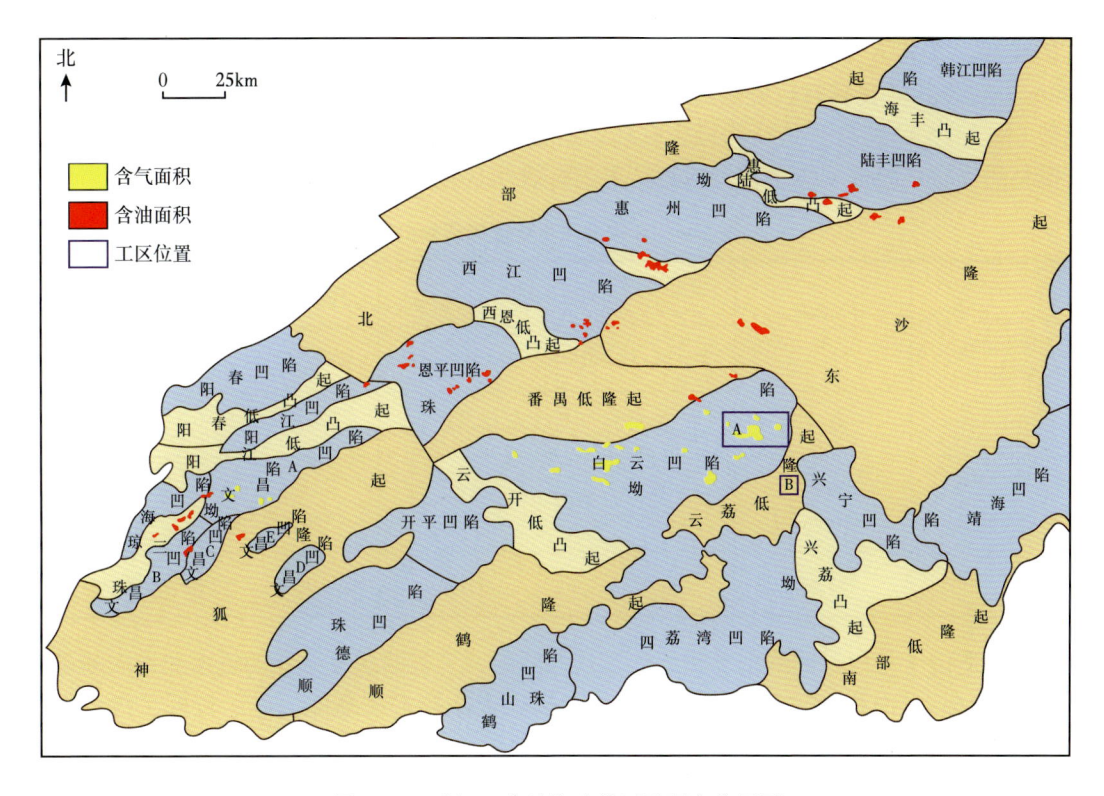

图 5-14 珠江口盆地构造分区及研究位置图

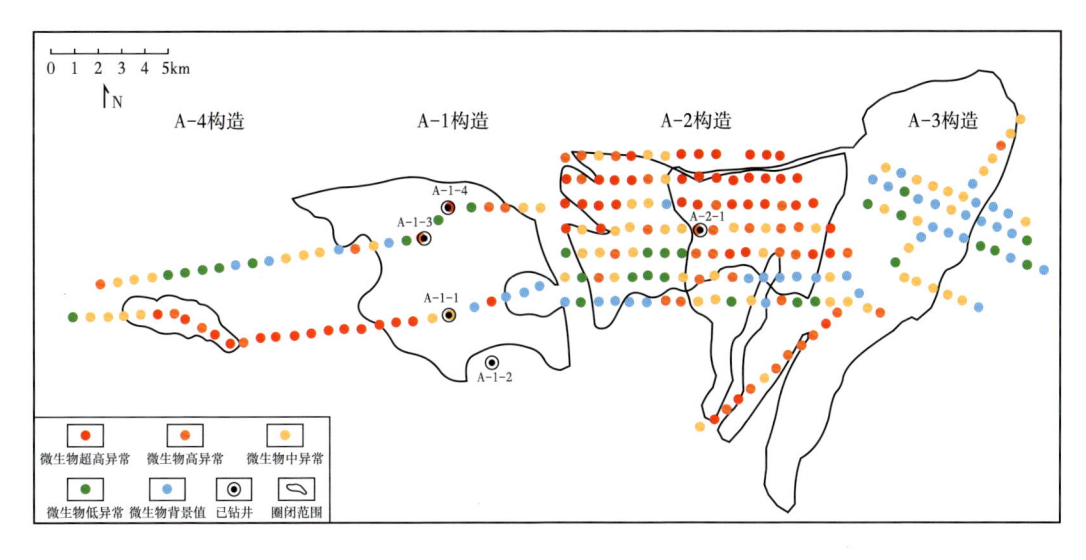

图 5-15 A 构造微生物值平面分布图

采用数理统计、分形、频率分布图等数学方法对微生物数据进行分析，划分出异常值与背景值可能的界限值，再结合邻区相似已知井上方微生物值的特征，对门槛值进行标定。综合上述方法，将研究区微生物值异常门槛值定为 79CFU（表 5-4）。微生物烃检测结果在已知的 A-1 构造上方有异常显示，同时在 A-2、A-3、A-4 目标上方均检测到微生物异常。尤其 A-2 构造上方微生物高值异常连续分布，形态为团块状，异常区面积约 50km², 与鼻状隆起具有较好的对应关系，且由构造高部位向低部位微生物异常有降低的趋势（图 5-15），综合评价认为最为有利。随后针对 A-2 构造钻探了 A-2-1 井，在珠江组下段钻遇气层，验证了微生物烃检测结果的有效性。

表 5-4 A 构造微生物值等级划分表

微生物值数据特征	样品数量/个	全部微生物值		背景微生物值	门槛值/CFU
		最大值/最小值	均值/标准偏差	均值/标准偏差	
	236	622/5	164/131	77/41	79
微生物值分级	红色（超高异常）	橙色（高异常）	黄色（中异常）	绿色（低异常）	蓝色（无异常）
	235~622	155~234	79~154	49~78	5~48

B 构造位于与白云凹陷东部相邻的云荔低凸起，为被断层复杂化的近南北走向断鼻构造（图 5-16a），面积 25.75km²，水深约 1500m。AVO 技术在高部位显示较好，指示出富含气特征，计划在构造轴部部署预探井 B-1 井（图 5-16b）。为了进一步落实圈闭的含油气特征，同时部署了微生物烃检测工作，采用均匀测网布设方式，测点间距 700m×700m，共采集样品 66 站（图 5-16c）。采用的样品采集、检测及数据处理方法与 A 构造相同，经分析将 B 构造异常门槛定为 29CFU（表 5-5）。

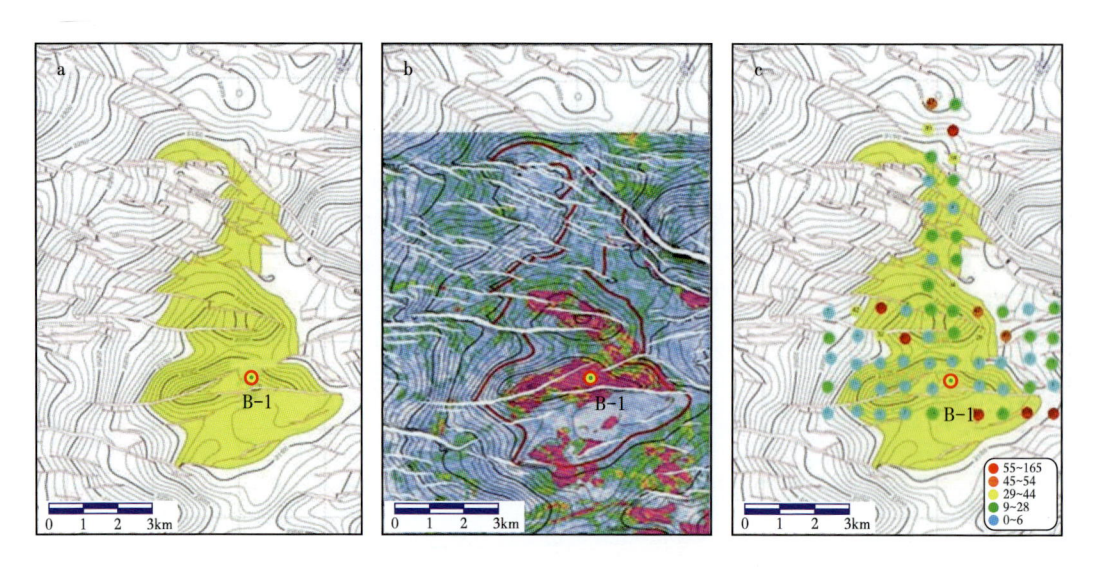

图 5-16 B 构造和微生物值平面分布叠合图

（a）发育在古隆起上，是被断层复杂化、近南北走向的断鼻构造；（b）圈闭核心部位 AVO 属性检测显示存在异常；（c）微生物值整体偏低，特别是圈闭有利部位主要为稳定背景值，指示 B-1 井存在较大钻探风险

表 5-5　B 构造微生物值等级划分表

微生物值数据特征	样品数量/个	全部微生物值 最大值/最小值	全部微生物值 平均值/标准偏差	背景微生物值 平均值/标准偏差	门槛值/CFU
	66	167/0	21/30	7/7	29
微生物值分级	红色（超高异常）	橙色（高异常）	黄色（中异常）	绿色（低异常）	蓝色（无异常）
	55~168	45~54	29~44	9~28	0~8

微生物检测结果指示圈闭上方微生物值整体较低，尤其是构造高部位评价为稳定的微生物背景区，指示了极弱的烃类微渗漏强度（图 5-16c）。分析认为该构造具有较大的油气勘探风险。随后 B-1 井获得钻探，测井在珠江组—珠海组解释出 5 层气层，共 25.3m，测试 CO_2 气体含量高达 94.87%，为 CO_2 气藏，而非烃类气藏，证实了微生物烃检测结果的可靠性。

此外，在珠江口盆地和琼东南盆地深水勘探过程中，还钻遇了两口富含 CO_2 的气钻井 C-1 井和 D-1 井。通过对 3 口非烃气钻井结果及上方微生物响应的统计特征可见（图 5-17），微生物烃检测结果指示的微生物值强度、分布特征与 CO_2 含量具有一定的负相关关系，即随着 CO_2 非烃气含量的增加，微生物值的强度在逐渐降低。

井名（年份）	钻探结果	微生物异常	微生物值
B-1（2011）	5层气层厚度25.3m，CO_2含量95%	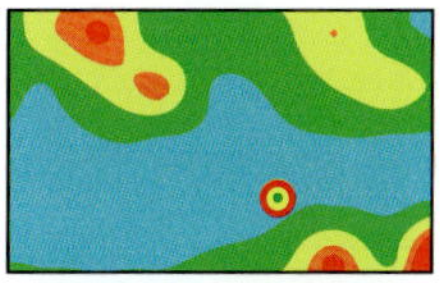	背景
C-1（2015）	2层气层厚度13m，CO_2含量72%	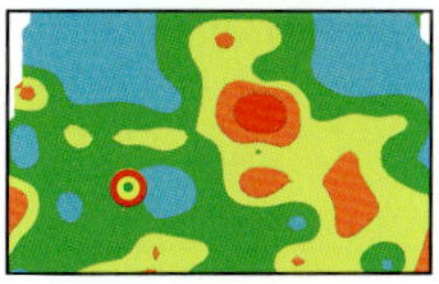	低值
D-1（2017）	4层气层厚度8m，CO_2含量47.3%	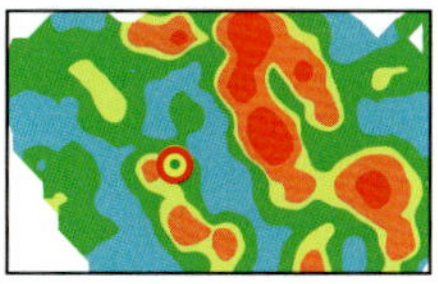	中低值

图 5-17　微生物值分布特征与钻井结果对比图

由微生物油气检测实例可见，在缺少有效的直接检测技术判断圈闭流体性质（烃类或非烃类）的情况下，在南海北部深水油气勘探中，利用微生物烃检测技术参与间接判别圈闭流体性质，是一种经济、快捷和有效的判别方法，展现出其在非烃气藏识别和规避方面较好的应用前景。最常用的是将地球物理技术和微生物烃检测技术相结合，根据两类方法的判识结果，形成 4 种不同的判别响应模式。若地球物理方法指示圈闭存在，且有明显含气特征，微生物方法指示有明显的微生物异常，则指示圈闭中可能富集烃类气体；若圈闭含气特征明显，微生物异常不发育，则圈闭中可能富集非烃气体；若圈闭含气特征不明显，微生物异常发育，说明圈闭中可能含油；如含气特征不明显，微生物异常不发育，则说明可能为无效圈闭。

由于轻烃微渗漏在海底表层沉积物中存在的游离气含量较低，如顶空气等地球化学直接检测法难以从样品中检测到足够含量的气体位置，对 CO_2 等非烃的成因判断困难较大。因此，在目前的实践中，还缺少对非烃气种类、含量和成因的直接检测和分析，有待开展更深入的研究，应用多指标来共同佐证和研究非烃气的存在和特征，相信在未来可发挥更重要的作用。

第三节　微生物油气检测技术的适用条件

微生物油气检测技术虽然具有周期短、成本低、应用范围广等特点，但由于技术本身依赖于近地表微生物的生长发育情况，同样存在明显的局限性，在应用中需避开不适合微生物油气检测技术开展工作的区域（表5-6），总结主要分为以下两类地区：

表5-6　微生物油气检测技术适用范围统计表

分类		适用	较适用	不适用
地表条件	地貌	单一地貌	复杂地貌	基岩出露、流沙、翻耕，常年积水、积雪
	土壤物理化学性质	盐度≤10g/kg 5≤pH≤10	10g/kg＜盐度≤40g/kg pH＜5 或 pH＞10	盐度＞40g/kg
地质条件	目的层位	单一目的层	多套目的层，需开展地质地震等综合研究	无
	正演模型	有工业油气流井（未开发）、显示井和干井	有工业油气井，但已开发；或无出油井	无
	油气性质	稀油	普通稠油	缺失 C_1—C_5 轻烃组分的特殊超稠油
	压力系数	超高压、正常压力油气藏	压力系数为0.7~1的低压油气藏	压力系数小于0.7的超低压油藏
	盖层	盖层均质分布	盐岩盖层非均质分布	无
	圈闭类型	岩性、地层、背斜	复杂断块	无

（1）特殊地质条件地区：①轻烃缺失的特殊超稠油油藏，因为烃氧化菌以轻烃为碳源，如果轻烃缺失则专属微生物难以存活；②压力系数过低的负压油气藏。轻烃向上渗漏的主要动力之一是油气藏的压力，如果压力过低，则渗漏的强度会很弱，烃氧化菌的数量较少，难以起到预测的作用。在开展微生物油气检测时，还需要关注油气藏投入开发后压力的变化对微生物值的影响，尽量避免选择开发井作为标定井。

（2）特殊地貌条件地区：①大面积基岩出露区。微生物油气检测技术采集土壤样品工作中，如果大面积基岩出露，难以取到土壤样品，就难以开展该工作；②快速流动沙丘区。如塔里木盆地地表的流动沙丘区，由于表层沙漠流动过快，不能反映原位的信息，因此，对检测效果的影响较大。但准噶尔盆地表层的沙漠区发育一定的植被，多为固定沙丘，对微生物评价不会造成影响；③极端土壤地区。一些地区的土壤物理化学性质，如盐度大于 40g/kg 的高盐度地区，pH 值大于 10 或小于 5 的极碱或极酸地区，微生物生长环境的影响很大，应用效果欠佳。

此外，微生物油气检测技术指示的成果是地下油气纵向叠加的效应，而无法确定油气藏的深度和层位，这是由技术本身的特点所决定的，是难以突破的局限性。目前，在应用时只能靠加强与地震地质等资料的综合解释，弥补其在目标深度方面检测的不足。

根据以上对不适宜微生物油气检测技术开展的条件分析，结合应用经验，对微生物油气检测技术的适用性做总结如下：

（1）更适合对单一圈闭目标进行含油气检测，在开展大范围含油气远景调查时需要关注对地貌和地质条件对比校正的问题。因为单一圈闭目标范围往往有限，地貌相对单一，主要含油气层位比较清楚，不需要进行复杂的地貌和地质条件对比校正的工作，成果更可靠。如果在主要目标范围上方检测到较高的烃氧化菌浓度，与目标外围有较大的差异，则指示已识别的圈闭具有好的含油气前景。反之，如检测到圈闭内外烃氧化菌含量均很低，差异不大，则指示圈闭可能不太有利。将微生物指标作为圈闭含油气性评价的一个科学指标，排除无效圈闭，更能起到降低风险，提高成功率的作用。

（2）相比于被断层复杂化的地区，微生物油气检测技术更适合开展简单背斜构造或岩性圈闭的油气检测研究。这是因为断裂的复杂性会带来烃类微渗漏通道的非均质性，导致烃氧化菌在地表土壤分布更不均匀，对土壤中提取具有代表性的微渗漏信息增加了难度。此外，还可能存在沿优势运移通道发生的宏渗漏现象，也会给检测成果的解释带来一定的不确定性。

（3）尽量选择地貌条件相对单一、土壤理化性质适中，不存在高盐度、极碱或极酸、含水率过高或过低的极端情况，能取到 20~60cm 土壤样品且土壤层相对稳定的地区开展工作。

参考文献

曹军，周进松，银晓，等，2020. 微生物地球化学勘探技术在黄土塬地貌区油气勘探中的应用 [J]. 特种油气藏，27（5）：53-60.

常迈，刘震，梁全胜，等，2007. 准噶尔盆地阜东斜坡带中上侏罗统岩性圈闭形成条件及成藏主控因素分析 [J]. 西安石油大学学报，22（6）.

陈红汉，米立军，刘妍鹅，等，2017. 珠江口盆地深水区 CO_2 成因、分布规律与风险带预测 [J]. 石油学报，38（2）：119-134.

邓春萍，2016. 轻烃微渗漏环境细菌种群组成及油气藏潜在指示菌研究 [D]. 北京：中国农业大学.

邓国荣，2006. 浅议油气化探的干扰因素 [J]. 石油与天然气地质（5）：675-681.

邓平建，杨冬燕，2011. 探讨降低实时荧光 PCR 定量分析系统误差的对策 [J]. 中国卫生检验杂志，21（2）：287-289.

邓诗财，郝纯，梅海，等，2020. 一种用于微生物油气勘探的芯片及其应用 [P]. 中国专利，CN 106011241 B.

丁力，郝纯，吴宇兵，等，2021. 微生物油气检测技术在准噶尔盆地油气勘探中应用 [J]. 中国石油勘探，26（3）：136-146.

丁力，吴宇兵，刘芬芬，2018. 中拐凸起火山岩油气藏微生物地球化学勘探研究 [J]. 特种油气藏，25（4）：24-28.

丁力，杨迪生，吴宇兵，2021. 微生物地球化学勘探技术在准噶尔盆地的应用 [J]. 天然气工业，41（10）：50-57.

丁维新，蔡祖聪，2003. 土壤甲烷氧化菌及水分状况对其活性的影响 [J]. 中国生态农业学报，11（1）：94-102.

杜金虎，支东明，李建忠，等，2019. 准噶尔盆地南缘高探 1 井重大发现及下组合勘探前景展望 [J]. 石油勘探与开发，46（2）：205-215.

高璞，鲍征宇，姚志刚，2008. 若尔盖地区地表油气化探的影响因素及消除方法 [J]. 西安石油大学学报（自然科学版），（4）：5-9+6.

苟红光，张品，佘家朝，等，2019. 吐哈盆地石油地质条件、资源潜力及勘探方向 [J]. 海相油气地质，24（2）：85-96.

顾磊，许科伟，汤玉平，等，2017. 基于高通量测序技术研究玉北油田上方微生物多样性 [J]. 应用与环境生物学报，23（2）：276-282.

管崇帆，何方杰，韩辉邦，等，2020. 环境和微生物因子对隆宝滩不同植被类型土壤甲烷通量的影响 [J]. 生态环境学报，29（5）：987-995.

郭栋，李红梅，程军，等，2005. 利用化探精查技术检测二氧化碳气藏 [J]. 物探与化探（3）：205-208.

郭彤楼，张汉荣，2014. 四川盆地焦石坝页岩气田形成与富集高产模式 [J]. 石油勘探与开发，41（1）：28-36.

郭旭升，李宇平，刘若冰，等，2014. 四川盆地焦石坝地区龙马溪组页岩微观孔隙结构特征及其控制因素 [J]. 天然气工业，34（6）：9-16.

韩宝中，2010. 构造油气藏形成机理与分类 [J]. 科技资讯（27）：119.

郝纯，孟庆芬，梅海，2015. 青海木里三露天水合物微生物地球化学勘查研究 [J]. 现代地质，29（5）：1157-1163.

郝纯，孙志鹏，薛健华，等，2015. 微生物地球化学勘探技术及其在南海深水勘探中的应用前景 [J]. 中国石油勘探，20（5）：54-62.

何海清，支东明，雷德文，等，2019. 准噶尔盆地南缘高泉背斜战略突破与下组合勘探领域评价 [J]. 中国石油勘探, 24(2): 137-146.

何家雄, 夏斌, 刘宝明, 等, 2005. 中国东部及近海陆架盆地 CO_2 成因及运聚规律与控制因素研究[J]. 石油勘探与开发, 32(4): 42-49.

何家雄, 祝有海, 黄霞, 等, 2011. 南海北部边缘盆地不同类型非生物成因 CO_2 成因成藏机制及控制因素[J]. 天然气地球科学, 22(6): 935-942.

何丽娟, 张迎朝, 梅海, 等, 2015. 微生物地球化学勘探技术在琼东南盆地深水区陵水凹陷烃类检测中的应用[J]. 中国海上油气, 27(4): 61-67.

贺纪正, 葛源, 2008. 土壤微生物生物地理学研究进展[J]. 生态学报(11): 5571-5582.

贺振华, Lai J, Gardner G H, 1986. 多次覆盖地震资料的叠前偏移[J]. 石油地球物理勘探, 21(1): 11-22, 31.

侯翠翠, 宋长春, 李英臣, 等, 2012. 不同水分条件沼泽湿地土壤轻组有机碳与微生物活性动态[J]. 中国环境科学, 32(1): 113-119.

胡海波, 张金池, 高智慧, 等, 2002. 岩质海岸防护林土壤微生物数量及其与酶活性和理化性质的关系[J]. 林业科学研究(1): 88-95.

胡明, 黄文斌, 李加玉, 2017. 构造特征对页岩气井产能的影响——以涪陵页岩气田焦石坝区块为例[J]. 天然气工业, 37(8): 31-39.

纪宏金, 连长云, 杜庆丰, 1993. 地球化学数据的标准化与衬度变换[J]. 物探化探计算技术(1): 19-25.

贾国相, 2004. 地表油气化探的影响因素及消除方法[J]. 物探与化探(3): 218-221.

蒋可乾, 2015. 微生物血培养标准化操作对检验结果可靠性的分析[J]. 世界最新医学信息文摘, 15(22): 139-140.

焦保权, 白荣杰, 孙淑梅, 等, 2009. 地球化学分区标准化方法在区域化探信息提取中的应用[J]. 物探与化探, 33(2): 165-169+206.

金强, 王伟峰, 刘泽容, 等, 1995. 油藏地质模型的建立及其应用[J]. 石油学报(1): 32-37.

金文标, 1998. 盐度对油污土壤生物治理的影响研究[J]. 钻采工艺, 21(4): 72-71.

孔淑琼, 黄晓武, 李斌, 等, 2009. 天然气库土壤中细菌及甲烷氧化菌的数量分布特性研究[J]. 长江大学学报, 6(3): 56-61.

况军, 唐勇, 朱国华, 等, 2002. 准噶尔盆地侏罗系储集层的基本特征及其主控因素分析[J]. 石油勘探与开发, 29(1): 52-55.

雷德文, 张健, 陈能贵, 等, 2012. 准噶尔盆地南缘下组合成藏条件与大油气田勘探前景[J]. 天然气工业, 32(2): 16-22.

李金磊, 尹成, 王明飞, 等, 2019. 四川盆地涪陵焦石坝地区保存条件差异性分析[J]. 石油实验地质, 41(3): 341-347.

李学义, 邵雨, 李天明, 2003. 准噶尔盆地南缘三个油气成藏组合研究[J]. 石油勘探与开发, 30(6): 32-34.

梁圣建, 刘东, 2015. 地层不整合分类及对油气成藏的影响[J]. 地下水, 37(3): 179-181.

梁兴, 陈科洛, 张廷山, 等, 2020. 沉积环境对页岩孔隙的控制作用[J]. 天然气地球科学, 30(10): 1393-1405.

梁战备, 史奕, 岳进, 2004. 甲烷氧化菌研究进展[J]. 生态学杂志, 23(5): 198-205.

刘崇禧, 程军, 赵克斌, 1999. 不同勘查阶段油气化探异常的地质意义[J]. 石油勘探与开发(2): 62-65+6+15.

刘大文, 2004. 区域地球化学数据的归一化处理及应用[J]. 物探与化探(3): 273-275+279.

刘晖, 祝有海, 庞守吉, 等, 2019. 青海乌丽地区发现天然气水合物赋存的重要证据[J]. 中国地质, 46(5): 1243-1244.

刘怡萱, 曹鹏熙, 马红梅, 等, 2019. 青藏高原土壤微生物多样性及其影响因素研究进展[J]. 环境生态学,

1（6）：1-7.

刘岳燕，姚槐应，黄昌勇，2006.水分条件对水稻土微生物群落多样性及活性的影响［J］.土壤学报（5）：828-834.

柳广弟，孙明亮，2007.剩余压力差在超压盆地天然气高效成藏中的意义［J］.石油与天然气地质，28（2）：203-209.

马启富，陈思忠，张启明，等，2000.超压盆地与油气分布［M］.北京：地质出版社.

满鹏，齐鸿雁，呼庆，等，2012.未开发油气田地表烃氧化菌空间定量分布［J］.环境科学，33（5）：1663-1669.

梅博文，2002.油气微生物勘探法［J］.中国石油勘探，7（3）：42-53.

梅博文，袁志华，2004.地质微生物技术在油气勘探开发中的应用［J］.天然气地球科学，15（2）：156-161.

梅海，郝纯，丁力，等，2020.一种油气保存条件的综合评价方法［P］.CN202010053068.1.

牛世全，杨建文，胡磊，等，2012.河西走廊春季不同盐碱土壤中微生物数量、酶活性与理化因子的关系［J］.微生物学通报，39（3）：416-427.

任江玲，王飞宇，赵增义，等，2020.准噶尔盆地南缘四棵树凹陷油气成因［J］.新疆石油地质，41（1）：25-30.

荣发准，陈昕华，孙长青，等，2013.近地表油气化探异常的确定与解释评价［J］.物探与化探，37（2）：212-217+224.

邵明瑞，杨旭，刘和，等，2014.油气田土壤DNA提取方法及油气指示菌基因定量结果的比较［J］.工业微生物，4（2）：57-62.

邵颖，刘长海，2017.土壤微生物与植被、温度及水分关系的研究进展［J］.延安大学学报（自然科学版），36（4）：43-48.

汤玉平，2017.油气微生物勘探技术理论与实践［M］.科学出版社.

汤玉平，丁相玉，龚维琪，1998.油气藏上置化探异常形态类型及其成因讨论［J］.石油实验地质（1）：75-79.

汤玉平，蒋涛，任春，等，2012.地表微生物在油气勘探中的应用［J］.物探与化探，36（4）：546-549.

汤玉平，姚亚明，2006.我国油气化探的现状与发展趋势［J］.物探与化探（6）：475-479.

唐俊红，高忆平，施明才，等，2019.含油气盆地微渗漏甲烷运移机制研究进展［J］.杭州电子科技大学学报（自然科学版），39（2）：64-69.

唐世琪，卢振权，罗晓玲，等，2015.青海南部乌丽—开心岭冻土区天然气水合物气源条件研究［J］.石油实验地质，37（1）：40-46.

陶士振，袁选俊，侯连华，等，2016.中国岩性油气藏区带类型、地质特征与勘探领域［J］.石油勘探与开发，43（6）：863-872+939.

田新玉，周培瑾，王大珍，1994.嗜盐碱性淀粉酶产生条件和性质的初步研究.微生物学报，34（5）：355-359.

王凤国，李兰杰，2003.鄂尔多斯盆地近地表油气化探干扰因素及抑制方法［J］.河南石油（3）：19-22.

王付斌，刘敏军，2001.提高油气化探原始资料品质的一些措施［J］.天然气工业（S1）：60-64+6.

王国建，汤玉平，唐俊红，等，2018.断层对烃类微渗漏主控作用及异常分布影响的实验模拟研究［J］.物探与化探，42（1）：21-27.

王海斌，陈晓婷，丁力，等，2018.土壤酸度对茶树根际土壤微生物群落多样性影响［J］.热带作物学报，39（3）：448-454.

王晖，陈继平，胡奎，等，2017.多批次数据地球化学图件编制的系统误差校正方法［J］.现代矿业，33（9）：63-65+76.

王修垣，2008.石油微生物学在中国科学院微生物研究所的发展［J］.微生物学通报，35（12）：1851-1861.

王周秀，徐成法，姚秀斌，2003.化探热释烃方法机理及影响因素［J］.物探与化探（1）：63-68.

王遵亲，祝寿泉，俞仁培，1993.中国盐渍土［M］.北京：科学出版社.

武超，李宏伟，盛双占，等，2021.吐哈盆地鲁克沁构造带二叠系—三叠系油气成藏特征与主控因素［J］.中国石油勘探，26（4）：137-148.

夏响华，2003.油气微渗漏理论与检测技术研究［D］.成都：成都理工大学.

夏元睿，吴俊，叶冬青，2019.泊松分布与概率论的发展——西蒙·丹尼尔·泊松［J］.中华疾病控制杂志，23（7）：881-884.

向廷生，周俊初，袁志华，2005.利用地表甲烷氧化菌异常勘探天然气藏［J］.天然气工业，25（3）：41-43.

邢其毅，裴伟伟，徐瑞秋，等，2005.基础有机化学［M］.北京：高等教育出版社.

徐子远，2005.柴达木盆地第四系生物气的勘探历程与储量现状［J］.新疆石油地质，26（4）：437-440.

颜承志，施和生，庞雄，等，2014.微生物地球化学勘探技术在白云凹陷深水区油气勘探中的应用［J］.中国海上油气，26（4）：15-19.

杨迪生，肖立新，阎桂华，等，2019，准噶尔盆地南缘四棵树凹陷构造特征与油气勘探［J］.新疆石油地质，40（2）：138-144.

杨帆，沈忠民，汤玉平，等，2017.渤海湾盆地陈家庄油田陈22块微生物异常分布研究［J］.石油实验地质，39（1）：141-146.

杨帆，沈忠民，汤玉平，等，2017.准噶尔盆地春光探区油气微生物指示［J］.石油学报，38（7）：804-812.

杨旭，许科伟，刘和，等，2013.油气藏上方土壤中甲烷氧化菌群落结构分析——以沾化凹陷某油气田为例门［J］.应用与环境生物学报，19（3）：478-483.

于金彪，杨耀忠，戴涛，等，2009.油藏地质建模与数值模拟一体化应用技术［J］.油气地质与采收率，16（5）：72-75+115.

于景维，任伟，王武学，等，2015.阜东斜坡中侏罗统头屯河组异常高压形成机理［J］.新疆石油地质，36（5）：521-525.

袁志华，2003.华北与华中地区油气微生物勘探研究与应用［D］.北京：中国科学院研究生院.

袁志华，梅博文，佘跃惠，等，2004.二连盆地马尼特坳陷天然气微生物勘探［J］.天然气地球科学，15（2）：162-165.

袁志华，佘跃惠，孙平，等，2001.油气微生物勘探中轻烃转运机制研究［J］.江汉石油学院学报，23（S）：34-38.

袁志华，袁丹超，张树民，等，2013.渝东南渝页2井区页岩气微生物勘查［J］.石油天然气学报，35（10）：20-22.

袁志华，张玉清，赵青，等，2008.中国油气微生物勘探技术新进展——以大庆卫星油田为例［J］.中国科学（D辑：地球科学）（S2）：139-145.

张春林，2010.地表微生物富集的地质因素及其在油气勘探中的指导意义［D］.北京：中国石油大学（北京）.

张春林，庞雄奇，梅海，等，2010.微生物油气勘探技术在岩性气藏勘探中的应用——以柴达木盆地三湖坳陷为例［J］.石油勘探与开发.37（3）：310-315.

张国强，于作刚，2015.利用Petrel软件建立油藏地质模型［J］.地下水，37（4）：208-210.

张洪霞，郑世玲，魏文超，等，2017.水分条件对滨海芦苇湿地土壤微生物多样性的影响［J］.海洋科学，41（5）：144-152.

张琳，刘福亮，贾艳琨，等，2011.稳定同位素分析数据标准化校正方法的讨论［J］.环境化学，30（3）：727-728.

张顺存，姚卫江，邢成智，等，2011.准噶尔盆地西北缘中拐凸起—五、八区火山岩岩相特征［J］.新疆石油地质，32（1）：7-10.

张天雪, 2015. 海河流域油松林地土壤微生物特征及影响因素研究 [D]. 北京: 北京林业大学.

张薇, 魏海雷, 高洪文, 等, 2005. 土壤微生物多样性及其环境影响因子研究进展 [J]. 生态学杂志 (1): 48-52.

张文昭, 张厚和, 李春荣, 等, 2021. 珠江口盆地油气勘探历程与启示 [J]. 新疆石油地质, 42 (3): 346-352, 363.

赵靖舟, 曹青, 白玉彬, 等, 2016. 油气藏形成与分布: 从连续到不连续——兼论油气藏概念及分类 [J]. 石油学报, 37 (2): 145-159.

郑诗樟, 肖青亮, 吴蔚东, 等, 2008. 丘陵红壤不同人工林型土壤微生物类群、酶活性与土壤理化性状关系的研究 [J]. 中国生态农业学报 (1): 57-61.

郑义平, 易绍金, 2005. 石油烃类降解菌在不同矿化度下的生长规律及去油效果研究 [J]. 油气田环境保护, 15 (2): 32-36.

中国地质科学院地球物理地球化学勘查研究所, 2017. DZ/T 0145—2017《土壤地球化学测量规程》[S]. 北京: 中国标准出版社.

中国合格评定国家认可中心, 山东出入境检验检疫局, 2008. GB/T 27405—2008《实验室质量控制规范 食品微生物检测》[S]. 北京: 中国标准出版社.

中国科学院微生物研究所地质微生物研究室, 1960. 微生物勘探石油和天然气操作法 [J]. 微生物, 2 (3): 97-103.

周凤霞, 白京生, 2003. 环境微生物 [M]. 北京: 化学工业出版社.

卓勤功, 雷永良, 边永国, 等, 2020. 准南前陆冲断带下组合泥岩盖层封盖能力 [J]. 新疆石油地质, 41 (1): 100-107.

Abrams M A, 2005. Significance of hydrocarbon seepage relative to petroleum generation and entrapment [J]. Marine and Petroleum Geology, 22 (4): 457-477.

Arp G K, 1992. An integrated interpretation for the origin of the Patrick Draw oil field sage anomaly [J]. American Association of Petroleum Geologists Bulletin, 76 (3): 301-306.

Beghtel F W, Hitzman D O, Sundberg K R, 1987. Microbial Oil Survey Technique (MOST) evaluation of new field wildcat wells in Kansas [J]. Bulletin of the Association of Petroleum Geochemical Explorationists, 3 (1): 1-14.

Blau L W, 1942. Process for locating valuable subterranean deposits: US2269889 [P].

Brown N A, 2000. Evaluation of possible gas microseepage mechanisms [J]. American Association of Petroleum Geologists Bulletin, 84 (11): 1775-1789.

Coleman D D, Meents W F, Liu C L, et al, 1997. Isotopic identification of leakage gas from underground storage reservoirs-a progress report [C]//SPE Midwest Gas Storage and Production Symposium. OnePetro, (4): 10.

Connolly D L, Garcia R, Capuano J, 2011. Integration of evidence of hydrocarbon seepage from 3-D seismic and geochemical data for predicting hydrocarbon occurrence: examples from Neuquen Basin Argentina [C]. Houston, Texas, USA: American Association of Petroleum Geologists Annual Conference and Exhibition.

Conrad R, Frenzel P, Cohen Y, 1995. Methane emission from hypersaline microbial mats: lack of aerobic methane oxidation activity [J]. FEMS Microbiology Ecology, 16 (4): 297-305.

Dai J X, 1996. Geochemistry and accumulation of carbon dioxide gases in China [J]. American Association of Petroleum Geologists Bulletin, 80 (10): 1615-1626.

Davidson M J, 1963. Geochemistry can help find oil if properly used [J]. World Oil, 157 (1): 94-100.

Davis J B, 1956. Geomicrobial prospecting method for Petroleum: US2777799.

Davis J B, 1967. Petroleum microbiology [M]. New York: Elsevier.

Ding L, Wu Y B, Liu X C, et al., 2017. Application of Microbial Geochemical Exploration Technology in Identifying Hydrocarbon Potential of Stratigraphic Traps in Junggar Basin, China [J]. AIMS Geosciences, 3 (4): 576-589.

Duchscherer W, 1981. A geochemical guide to underlying petroleum accumulations[M]. Dallas: Southern Methodist University Press.

Fierer N, Jackson R B, 2006. The diversity and biogeography of soil bacterial communities [J]. Proceedings of the National Academy of Sciences, 103 (3): 626-631.

Hunt J M, 1986. 石油地球化学和地质学 [M]. 胡伯良, 译. 北京: 石油工业出版社.

Heroy W B, 1980. Field demonstration of unconventional methods in exploration for petroleum and natural gas[J]. Unsolicited proposal submitted to the Department of Energy: 1-14.

Hitzman D C, Rountree B A, Schumacher D, 1999. Microseepage survey successfully high-grades Texas Cotton Valley Pinnacle Reefs on basis of hy drocarbon charge[C]. San Antonio, Texas: American Association of Petroleum Geologists Annual Convention.

Hitzman D C, Tucker J D, Rountree B A, 1994. Correlation between hydrocarbon microseepage signatures and waterflood production patterns [M]. Hedberg: American Association of Petroleum Geologists Hedberg Research Conference.

Hitzman D O, 1959. Prospecting for petroleum deposits: US2880142[P].

Hizman D O, 1961. Comparison of geomicrobiological prospecting methods used by various investigators[J]. Developments in industrial microbiology, 2: 33-42.

Horvitz L, 1939. On geochemical prospecting I[J]. Geophysics: 210-228.

Horvitz L, 1980. Near-surface evidence of hydrocarbon movement from depth[J]. American Association of Petroleum Geologist Studies in Geology, 10: 241-263.

Hunt J M, 1979. Petroleum geochemistry and geology[M]. San Francisco: Freeman and Company.

Jones P H, 1984. Deep water discharge: a mechanism for the vertical migration of oil and gas. Unconventional Methods in Exploration for Petroleum and Natural Gas III[D]. Dallas, Texas: Southern Methodist University.

Jones R D, 1991. Carbon monoxide and methane distribution and consumption in the photic zone of the Sargasso Sea[J]. Deep Sea Research Part A, 38 (6): 625-635.

Jones V T, Burtell S G, 1996. Hydrocarbon flux variations in natural and anthropogenic seeps[C]. American Association of Petroleum Geologists Memoir: 203-221.

Jones V T, Drozd R J, 1983. Predictions of oil and gas potential by near surface geochemistry[C]. American Association of Petroleum Geologists Bulletin, 67 (6): 932-952.

Kartsev A A, Tabasaranskii Z A, Subbota M I, et al., 1959. Geochemical methods of prospecting and exploration for petroleum and natural gases[M]. Berkeley, California: University of California Press, 1959: 101-106, 319, 332-333, 341.

Kartsev A A, Tabasaranskii Z A, Subbota M I, et al., 1959. Geochemical methods of prospecting and exploration for petroleum and natural gases[D]. Berkeley, California: University of California Press.

Klemedtsson Å K, Klemedtsson L, 1997. Methane uptake in Swedish forest soil in relation to liming and extra N-deposition[J]. Biology and fertility of soils, 25 (3): 296-301.

Klusman R W, Saeed M A, 1996. Comparison of light hydrocarbon microseepage mechanisms [J]. American Association of Petroleum Geologists Memoir, 29 (66): 157-168.

Klusman R W, 2011. Comparison of surface and near-surface geochemical methods for detection of gas microseepage from carbon dioxide sequestration [J]. International Journal of Greenhouse Gas Control, 5 (6): 1369-1392.

Klusman R W, 2011. Comparison of surface and near-surface geochemical methods for detection of gas microseepage from carbon dioxide sequestration [J]. International Journal of Greenhouse Gas Control, 5(6): 1369-1392.

Klusman R W, 2015. Surface geochemical measurements applied to monitoring, verification, and accounting of leakage from sequestration projects[J]. Interpretation, 3(2): 1-21.

Ligi T, Truu M, Truu J, et al., 2013. Effects of soil chemical characteristics and water regime on denitrification genes (nirS, nirK, and nosZ) abundances in a created riverine wetland complex [J]. Ecological Engineering, 72: 47-55.

MacElvain R C, 1969. Mechanics of gaseous ascension through a sedimentary column[M]//Heroy W B. Unconventional methods in exploration for petroleum and natural gas. Dallas, TEXAS: Southern Methodist University.

MacElvain R, 1963. What do near surface signs really mean in oil finding[J]. Oil and Gas Journal, 18(2): 132-136.

Mogilevskii G A, 1940. The bacterial method of prospecting for oil and natural gases[J]. RazvedkaNedr, 12: 32-43.

Mogilewskii G A,1939. Microbiological investigations in connecting with gas surveying[J]. Razvedka Nedr, 8: 59-68.

Nesbit S P, Breitenbeck G A, 1992. A laboratory study of factors influencing methane uptake by soils[J]. Agriculture, Ecosystems & Environment, 41(1): 39-54.

Pirson S J, 1946. Disturbing factors in geochemical prospecting[S]. Geophysics, 11: 312-320.

Price L C, 1976. Aqueous solubility of petroleum as applied to its origin and primary migration[C]. American Association of Petroleum Geologists Bulletin, 60(2): 213-244.

Price L C, 1985. A critical overview and proposed working model of surface geochemical exploration[M]// Davidson M J. Unconventional Methods Exploration for Petroleum and Natural Gas Ⅳ. Dallas TEXAS: Southern Methodist University Press: 245-304.

Rice D D, 1990. Chemical and isotopic evidence of the origins of natural gases in Offshore Gulf of Mexico[J]. Association of Geological Societies, 30: 203-213.

Richers D M, Reed R J, Horstman K C, et al., 1982. Landsat and soil-gas geochemical study of Patrick Draw oil field, Sweetwater Country, Wyoming[C]. American Association of Petroleum Geologists Bulletin, 66: 903-922.

Riese W C, Michaels G B, 1991. Microbiological indicators of subsurface hydrocarbon accumulations [J]. American Association of Petroleum Geologists Bulletin, 75(3): 7-10.

Rinklebe J, Langer U, 2006. Microbial diversity in three floodplain soils at the Elbe River (Germany) [J]. Soil Biology and Biochemistry, 38(8): 2144-2151.

Roberts W H, 1979. Some uses of temperature data in petroleum exploration: paper presented to Symposium Ⅱ[M]. Dallas: Southern Methodist University Press.

Rosacker L L, Kieft T L, 1990. Biomass and adenylate energy charge of a grassland soil during drying[J]. Soil Biol Biochem, 22: 1121-1127.

Rosaire E E, 1940. Symposium on geochemical exploration geochemical prospecting for petroleum[C]. American Association of Petroleum Geologists Bulletin, 24(8): 1400-1433.

Saunders D F, Burson K R, Thompson C K, 1999. Model for hydrocarbon microseepage and related near-surface alterations[C]. American Association of Petroleum Geologists Bulletin, 83(1): 170-185.

Schumacher D, 1996. Hydrocarbon-induced alteration of soils and sediments[J]. American Association of

Petroleum Geologist Memoir, 66: 71-89.

Shen C, Liang W, Shi Y, et al., 2014. Contrasting elevational diversity patterns between eukaryotic soil microbes and plants[J]. Ecology, 95(11): 3190-3202.

Siegel F R, 1974. Geochemical prospecting for hydrocarbons[M]. New York: John Wiley and Sons.

Söhngen N L, 1913. Benzin, petroleum, paraffinöl und paraffin alskohlenstoff-und energiequelle für mikroben[J]. Zentr Bacteriol Parasitenk Abt II, 37: 595-609.

Sokolov V A, 2016. Gas Surveying[M]. Moscow: Gostoptekhizdat.

Soli G G, 1957. Microorganisms and geochemical methods of oil prospecting[J]. American Association of Petroleum Geologists Bulletin, 41(1): 134-140.

Sorokin D Y, Gorlenko V M, Namsaraev B B, et al., 2004. Prokaryotic communities of the north-eastern Mongolian soda lakes[J]. Hydrobiologia, 522(1): 235-248.

Strawinski R J, 1954. Prospecting [P]. U.S. Patent: 2665237.

Striegl R G, McConnaughey T A, Thorstenson D C, et al, 1992. Consumption of atmospheric methane by desert soils [J]. Nature, 357(6374): 145-147.

Sun W, Li J, Jiang L, et al., 2015. Profiling microbial community structures across six large oilfields in China and the potential role of dominant microorganisms in bioremediation [J]. Applied microbiology and biotechnology, 99(20): 8751-8764.

Taggart M S, 1941. Oil prospecting method: US2234637[P].

Tedesco S A, 1999. Anomaly shifts indicate rapid surface seep rates[J]. Oil & gas journal, 97(13): 69-72.

Tóth J, 1996. Thoughts of a hydrogeologist on vertical migration and near-surface geochemical exploration for petroleum[C]. American Association of Petroleum Geologist Memoir: 279-283.

Tucker J D, Hitzman D C, 1994. Detained microbial Survey help improve reservoir characterization[J]. Oil and Gas Journal, 92(23): 65-69.

Tucker J, Hitzman D, 1996. Long-term and seasonal trends in the response of hydrocarbon-utilizing microbes to light hydrocarbon gases in shallow soils [J]. American Association of Petroleum Geologists Memoir: 353-357.

Unger I M, Kennedy A C, Muzika R M, 2009. Flooding effects on soil microbial communities [J]. Applied Soil Ecology, 42(1): 1-8.

Verstraete W R, 1976. Modelling of the breakdown and the mobilization of hydrocarbons in unsaturated soil layers[J]. Proceedings of the 3rd international biodegradation symposium: 99-112.

Vonder D H, Wyman R E, Bosman D A, 1994. Unmixing of complex soil gas hydrocarbons: Concepts and application for hydrocarbon exploration[C]. Near-Surface Expression of Hydrocarbon Migration, Vancouver, British Columbia: American Association of Petroleum Geologists Hedberg Re-search Conference.

Wagner M, Wagner M, Piske J, et al., 2002. Case histories of microbial prospection for oil and gas, onshore and offshore in northwest Europe[J]. American Association of Petroleum Geologists Studies in Geology, 48: 453-479.

Zhang J S, Guo J F, Chen G S, et al., 2005. Soil microbial biomass and its controls [J]. Journal of forestry research, 16(4): 327-330.

Zhu Y N, 1997. Significance of studying CO_2 geology and the global distributive features of high CO_2-bearing gas[J]. Advance in earth sciences, 12(1): 26-31.

附 录

常见烃氧化菌显微照片（40000×）：

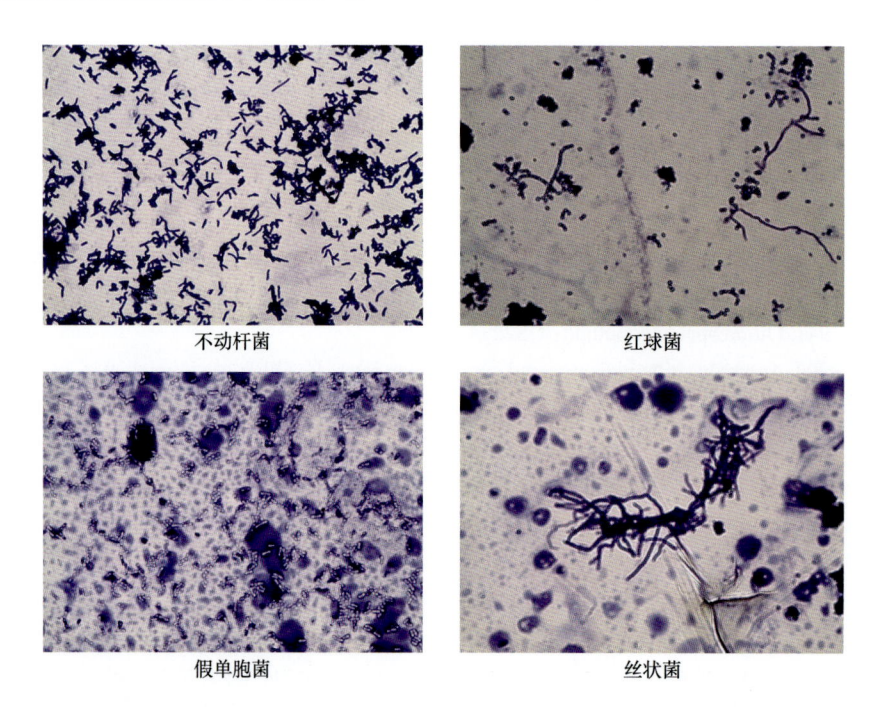

不动杆菌	红球菌
假单胞菌	丝状菌

培养前后平板照片：

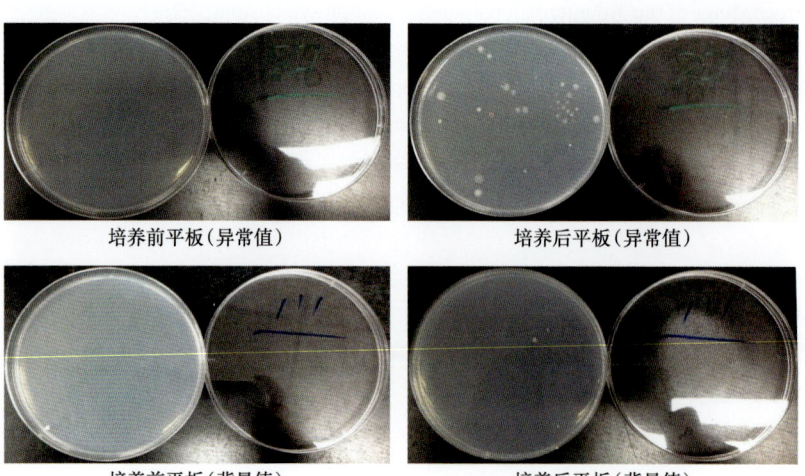

培养前平板（异常值）	培养后平板（异常值）
培养前平板（背景值）	培养后平板（背景值）

后 记

  本书虽已完成，但回顾内容仍存在诸多不足。如：在开展典型油气藏上方微生物响应模式研究方面，目前还是基于某一地区的成果总结得到的模式，样本量还不够；在深水区分烃类和非烃气藏方面，还未对气体本身的地球化学性质开展分析检测，无法判别其非烃组成及成因等。

  未来需进一步开展机理模拟实验，在理论模型和地质模型基础上建立轻烃微渗漏数学模型；利用大数据和人工智能方法持续解决微生物技术工业化的关键问题；结合地震、电磁法等地球物理方法，开发多学科综合解释系统，弥补微生物油气预测技术在目标深度预测的不足等。

  在专著的编写过程中，得到了很多良师益友的指导和帮助，在此也表示衷心感谢。首先要感谢我的博士导师于炳松教授。于老师待人谦和、治学严谨、诲人不倦，其深厚的学术造诣与清晰的逻辑思维使我深受启发，疑难问题总能迎刃而解。在校和工作期间能始终得到于老师的指导和关心，让我倍感珍惜。于老师细致认真的科学态度，也激励着我在专业研究上更加深入，在著作写作上更加严谨。

  此外，还要特别感谢益亿泰地质微生物技术（北京）有限公司的梅海博士在专著撰写过程中提供的帮助！梅海博士放弃海外优越的生活条件，毅然回国创业，数十年如一日，致力于推动我国地质微生物产业的发展，其饱满的创业激情和严谨的科研精神令我深受鼓舞。能得到梅海博士的指导，也让我倍感荣幸！同时要感谢益亿泰公司的郝纯博士，每次探讨微生物检测方面的知识，都让我受益匪浅。感谢吴宇兵、张春伟及徐荣德博士在项目基础资料收集、整理方面提供的帮助。

  感谢中国石油新疆油田分公司、吐哈油田分公司、浙江油田分公司和中国海油深圳分公司提供了丰富的现场资料，为专著的编写奠定基础。也感谢家人的默默付出和支持，他们的鼓励是我坚持的动力。

  最后，再次向所有帮助过我的老师、专家和朋友们表示衷心的感谢！未来我将以感恩之心继续迎接挑战，力争产出更优质的成果和作品奉献给读者！